U0869735

对别人的释怀 就是对自己的善待

包容收获一生笑容

主编 拾 月
编著 陈小梦

图书在版编目（C I P）数据

对别人的释怀 就是对自己的善待：包容收获一生笑容 / 陈小梦编著. -- 北京：现代出版社, 2014.10（2024.12重印）
ISBN 978-7-5143-2779-3

Ⅰ. ①对… Ⅱ. ①陈… Ⅲ. ①人生哲学－青少年读物
Ⅳ. ①B821-49

中国版本图书馆 CIP 数据核字(2014)第 236249 号

对别人的释怀 就是对自己的善待：包容收获一生笑容

主　　编	拾　月
编　　著	陈小梦
责任编辑	王敬一
内文制作	诚美天下文化传播有限公司
出版发行	现代出版社
地　　址	北京朝阳区安外安华里 504 号
邮　　编	100011
电　　话	(010)64267325
传　　真	(010)64245264
邮　　箱	xiandai@cnpitc.com.cn
网　　址	www.1980xd.com
印　　刷	唐山富达印务有限公司
开　　本	700mmx1000mm　1/16
印　　张	9
版　　次	2014 年 8 月第 1 版　2024 年 12 月第 4 次印刷
书　　号	ISBN 978-7-5143-2779-3
定　　价	57.00 元

前言

青少年是社会的宝贵财富，是人类的希望和未来，正所谓“少年强则国强”。为此，大至一个国家、一个民族，小至一个家庭、一个家族，都特别重视青少年的教育问题。希望他们成为社会的中坚，家族的骄傲。一句话，就是希望他们成为成功的人。于国，能成为有用的人才；于家，能成为顶梁柱。不仅仅要学习好，还要有辨别人世间善、恶、美、丑的能力。在每个人的人生中，除了需要自身的因素之外，还需要拥有感受世界的能力。

包容、快乐，是旅途之中的包囊，时刻给予我们心灵的养分。

自责、抚慰，是对那些过往的积淀、筛选，去其糟粕，取其精华。

简约、坚持，是对人生最大的尊重，是对生命最好的诠释。

放弃、放下，是心灵深处的温度计，是心灵最惬意的悠然假期。

完美、舍得，是对生命、对梦想、对人生的终极追求。

青春，是人最美好的一段时光，也是人格、性格定型的重要阶段，在这个时期，我们需要享受青春的快乐，同时也需要完成自我塑造。通过心理自助，最终从一个小男生、小女生逐渐成长为一个有着健全人格的人，成长为一个对社会、对家庭、对自我有着相对完整认知的人，成长为能够为自己的未来做主的人。这才是一个最充实、最有价值的青春。每个梦想都值得我们认真对待，每个青少年都是未来的希望。在青春中我们不仅要有欢乐，同时也要拥有未来！

本丛书是你化解烦恼的“心灵鸡汤”，可以给你快乐的心理自助；本丛书会让你认识到：掌控心理，方能掌控世界；改变自己，才能改变一切。本丛书还将告诉你：只有实现积极的心理自助，才能收获快乐而充实的青春。

目录

第一篇 淡泊从容，让宽厚成为你的格言

第二篇 学会感恩，获得生活的眷顾和宠爱

第三篇 谦卑待人，让谦卑的自己低调释放

目录

第四篇 退一步，是为了更好地进步

第五篇 原谅他人，迎来心灵的晴天

第一篇

淡泊从容，让宽厚成为你的格言

不以物喜，不以己悲，居庙堂之高则忧其民，处江湖之远则忧其君。得意时，不必彻夜狂欢；失落时，无需寻死觅活。面对别人的夸赞和外来的诱惑，能保持清醒的头脑，付诸一笑；面对朋友的背弃，希望的破灭也不会有过多的痛苦，能够坦然接受。

淡看生活中的波澜不惊

故事话题

有一天，一座寺院里，大殿上摆放着的功德箱里，居然空空如也，一分钱都没有了。此时，当晚通宵打坐的法师，毫无疑问被众人视为头号嫌疑人了。因为在他回寺以前，从来没有发生过这等事，而大家也都知道，他每天夜里都要来大殿打坐，倘若强盗另有其人，必经此地，那法师也一定跟强盗碰过面，更不可能容忍他偷东西。

可是，在寺院住持当众询问起这件事时，慧缘法师却不作任何反应。人常说，不解释就是默认了，所以后来，所有人都认为功德箱里的钱一定是被这个法师偷走私吞了。此后，寺中众僧人以及和尚、居士，没有一个人不对这个法师另眼相看，都纷纷向他投来鄙夷的目光。

面对周遭的一切，在这种人人怒目相视的环境中，慧缘法师仍保持心平气和，若无其事。他既没有站出来喊冤叫屈，为自己极力辩解，也没有流露出半点愤懑之情。他同平时一样，每天按时去吃饭，每晚还是照样去大殿打坐。他明白，真的假不了，假的真不了，真真假假，总会水落石

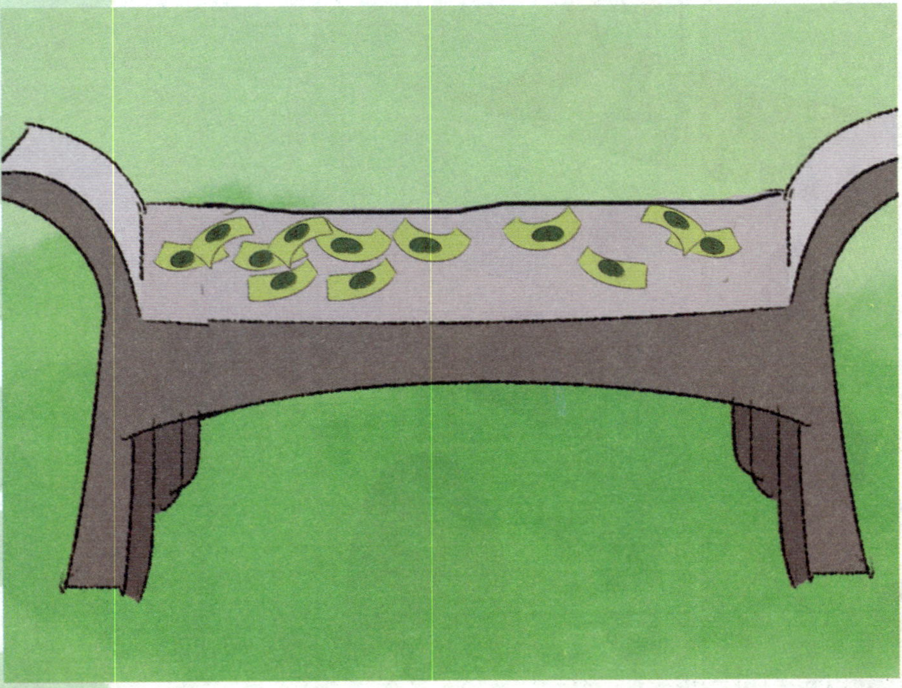

出，无需为了证明本身就有答案的事情跟流言蜚语大动干戈。

果不其然，七天之后，寺里的住持揭开了谜底：

原来，功德箱根本没有失窃，里面的钱也没有丢，这只是住持对法师的考验，想知道他在山洞中苦苦修炼整整十年的结果，看他究竟能达到何等的境界。令主持没想到的是，法师在遭受冤枉跟非议的时候，居然还能常态依旧，以一颗平常心去继续自己的生活。为此，全寺上下，所有的人都由衷地对他产生了敬意。

故事解析

懂得宽容，所体现出来的，不仅仅只是一个人的人格魅力，还是我们人生境界的升华，更是拉近人跟人之间彼此距离的桥梁，温暖世界的一缕阳光。

容，乃是一种雅量。做人要懂得包容。包容，是一种情操，是一种美德。包容不是懦弱，也不是胆怯，而是一种海纳百川的大度，是笑看风云的开怀与爽朗。

我们都需要用博大的胸怀冷静处世，学会宠辱不惊、闲庭信步，行走在红尘世上。这是容言、容事的根本。

生于凡世间，每个人都要在不同的阶段经历不同的遇见。我们不能免俗，不可能凡是都尽如人意，所以，我们需要一颗宽大的心，这样一来，我们才可以拥有更加广阔的世界。

故事穿越

西汉时期的名将李广，身材高大，手臂修长，擅长骑射，打起仗来行踪飘忽不定，行动敏捷。他一度被匈奴人称为“飞将军”。

李广在担任上谷太守时，每天都跟匈奴人打仗。每次交战，他都是身先士卒，置个人生死于不顾，战斗异常的勇猛，以力战闻名。典属国的公孙昆邪曾哭着对皇帝说："靠李广才气，天下无双，自负其能，数与虏敌战，恐亡之。"皇上爱其才，恐亡之，所以把李广调到了上郡做太守。

后来"七国之乱"，李广在随周亚夫平定吴楚联军时，曾立下汗马功劳。梁王刘武看重李广的才能，于是私底下将军印授予了李广。李广也由于不识时务，欣然接受了。

当时，梁王刘武很想做皇帝，计划有一天起兵逼宫时，他能得到李广的一臂之力。而对于这一点，汉景帝刘启早已是心知肚明。此时李广自以为立下战功，觉得梁王授予将军印是对自己的褒奖，一时兴起，还要拿回京城炫耀一番。结果这种举动惹恼了皇帝，致使李广最终一点奖赏都没能领到，李广为此心中很是不满。

随后的几年之间，李广屡建战功，却一直没有被封侯。他愤愤不已，于是向王朔抱怨："自汉朝北击匈奴以来，我未尝不在其中，然而其他将领都封侯位列三公，我却没有封侯，这真是不公啊！"

屡屡不被封侯的李广一直血气方刚，一次，在参与卫青大将军的漠北之决战时，他主动请战当先锋，但被卫青拒绝了。他了解李广，知道李广想最后一搏取得战绩，急于封侯，在他这种欲速则不达的状态下，出现重大失误的可能性极高，所以，很理智地拒绝了他的请战请求，让他从侧路袭击。李广只得奉命从侧路进攻，但他在带队的过程中迷了路，没有及时和卫青主力部队会合，结果让单于逃跑了。

出现了这么大的差池，卫青狠狠责怪了李广。李广性格刚烈，回想长久以来的不公待遇，加之此番失利，心中一阵窝囊，顿感人生已走到尽头，没了意义，随后引刀自刎了。

故事微语

李广之所以会将自己的生命早早逼到尽头，是因为他在面对不公待遇时，缺少一种豁达的心胸，如此，他才会选择含恨而终。

在人类的社会里，不平等现象很多，比如：贫穷、战争、疾病、犯罪等等。面对生活中诸如此类不公平的人和事，不妨试试冷静下来，用宽容的心态，理智地去分析事情的来龙去脉，然后积极平和地去处理。这才是我们在面对不平事时应该具备的态度。

从我们自身身体健康的角度说，如果遇到不平事无法保持内心的平衡，换句话说，就是对人对事不能做到心平气和，那么最后对健康的影响也是极大的。

《黄帝内经》中记载“怒则气上，喜则气缓，悲则气结，惊则气乱，劳则气耗”，从这句话我们可以得知，百病都是从气中来的。现代医学也发现，人类七到九成的疾病与心理有着密不可分的关系。倘若不能及时调整好心态，遇事爱着急上火，这样就很容易破坏人体的免疫系统，易患高血压、冠心病、动脉硬化等病症。所以，让心态保持平衡，对于我们的身心健康是尤为重要的，能在不平事面前保持一颗平常心，我们就等于是掌握了健康的金钥匙。

总之，当我们遭受现实生活的鞭挞洗礼时，不要总是纠结于自己的公平得失，更不要怨天尤人、自暴自弃，我们只要明白一点：过分追究下去，并不能帮我们改变什么，唯有调整好自己的心态，对任何事都保持一颗平常心，转变衡量公平的标准，成熟自己的观念和言行，并用乐观、积极向上的心态来经营工作和生活，我们才有机会受到生活的恩赐。

心灵箴言

度量如海涵春育，应接如流水行云。

——金缨

一个伟大的人有两颗心：一颗心流血，一颗心宽容。

——[美] 纪伯伦

自己萎弱，恶人健全；自己恶动，忌人活泼；自己饮水，嫉人喝茶；自己呻吟，恨人笑声，总是心地欠宽大所致。

——林语堂

生活中，谅解可以产生奇迹，谅解可以挽回感情上的损失，谅解犹如一个火把能照亮由焦躁、怨恨复仇心理铺就的道路。

——[科威特] 穆尼尔·纳素夫

让宽容的清泉流过心灵的山涧

故事话题

有这样一个故事：根据一款条约的规定，野驴跟狮子双方有了非常明确的分工：野驴比较有耐力，跑得足够远，可以专门负责寻找食物；而狮子的爆发力很强，是天生的猎手属性，所以负责捕捉食物，二者结合在一起，共同发挥作用。由于狮子被尊称为百兽之王，野驴同意捕获到食物后由狮子带头来自主分配。

试验了一段时间后发现，野驴跟狮子总能比其他任何一种动物更加迅速地捕捉到肥美的食物，井井有条的合作方式让它们双方都尝到了甜头。

可是好景不长，渐渐地，它们发现了彼此身上的重大缺陷：野驴脾气很坏，经常顶撞狮子；狮子秉性霸道，总觉得自己的权威神圣不可侵犯。

一次，它们合作捕获了大量的食物，按照以往的惯例，这些食物仍然由狮子来分配。可狮子却把食物分成了三份，并霸道地对野驴说：“我是兽中之王，所以第一份理应是我的；这些食物是我们合作得到的，所以这第二份也应当归我；至于这第三份嘛，我们可以公平竞争，不过你要是不赶紧滚开给我让出来的话，恐怕你自己都要成为我的第四份美餐了。”

听了这番话，野驴又气恼又羞愤，可它明白力量上的悬殊，所以终究还是离狮子而去。

后来，由于缺少了野驴这个好搭档，食物吃完了就没有了，狮子不得不开始了独自的狩猎旅程。

因为没有了野驴的帮助，狮子再也不能轻松地捕获像以前一样可口的肥美之物了。当狮子饥肠辘辘的时候，才不由得又一次想起了野驴。

故事解析

我们常说要想快乐地生活就要保持一颗平常心。在日常生活中，很多人可以做到波澜不惊，甚至每当有朋友遇到挫败时，都可以冷静下来帮忙分析一下问题的前因后果，以及应对措施。但是当我们自己要面对各种利益纷争的时候，还能够保持心平气和吗？还能够泰然处之吗？假使被冤枉甚至被暗算，我们还能做到荣辱不惊吗？或许，还有待考量。

但我们需要牢记一些关键词，比如之前提到过的冷静、宽容、理智、积极、平和等，记住这些词，时常给自己以心理暗示，明确这些才是面对挫败时应有的心态，久而久之，我们就能够做到心平气和、荣辱不惊了。

很多时候，我们既要看得破，又要忍得过。与其在纠结是非公论上耗费大量的精力，不如踏踏实实地把自己的每一步走好。这并不是任人摆布，更不是逆来顺受，而是一种理智的生活方式。就如我们有一天被饿狼啃了一口，我们不可能再按照它的样子反咬回去。道理正是如此。

故事穿越

俗话说：楚河两岸硝烟障，从来暗箭起同行。

一个中国妇人，在美国的一个市场里买下一席摊位卖东西。由于生意特别好，引起了其他摊贩的忌妒。后来，大家便有意识无意识地在她店门口倒垃圾。可是这个中国妇人从来都不计较，也不愤怒，每次都只是宽厚地一笑，然后转身去忙自己的事情。

这个世界上终究是好人多，一位旁边卖菜的西班牙妇人观察了中国妇人好几天，忍不住问道："没见他们都把脏兮兮的垃圾倒在你这里吗？这分明就是一种人身攻击，你为何不生气呢？"

中国妇人淡淡一笑，说："我为什么要生气？在我们国家过春节的时候，大家都会把垃圾往自家里扫，垃圾堆得越多，就代表这家人赚的钱越多。现在每天都有人送钱到我这里来，我怎么能责备人家呢？你看我的生意，不是越来越好了吗？"

旁边那些人听了她的话，都纷纷低下头，羞愧起来。

从那以后，中国妇人店前，就再也没有被人堆放过垃圾了。

故事微语

这位中国妇人化诅咒为祝福，向身边的人们展现了一种令人称赞的大智慧。但是在她身上，还有着更加令人钦佩的品质，那就是与人为善的宽厚。她用她的智慧包容了别人，同时也为自己营造了一个美好的心情，构建了一个融洽的人际环境。

宽容，犹如一眼泉水。它是生命之源，流过心灵的山涧，将泥土沙石带走，留下宁静与清凉；它灌溉精神的原野，将烦躁与不安带走，留下豁达与恬淡。宽容滋润着万物，成全了别人，也宽慰了我们自己。

如果说微笑是一种悲悯，缄默是一种修养，那么，宽容，则是一种智慧。古人云："海纳百川，有容乃大；壁立千仞，无欲则刚。"意思就是说，唯宽可以容人，唯厚可以载物。宽容，犹如仁爱的光芒，是对自己的善待，也是对别人的释怀。

宽容，还是一种做人的艺术。学会宽容，我们的人生，就会少一丝烦恼，少一丝愤懑，少一点挫败，多一些快乐和成就。

心灵箴言

最高贵的复仇是宽容。

——[法] 雨果

宽容是文明的唯一考核。

——[美] 海尔普斯

有时宽容引起的道德震动比惩罚更强烈。

——[苏联] 苏霍姆林斯基

生活过，而不会宽容别人的人，是不配受到别人的宽容的。但是谁能说是不需要宽容的呢?

——[俄] 屠格涅夫

用“让”去收获人生的快乐

故事话题

有这样一个故事：在清朝，有两家邻居，因为某一道墙究竟该归谁的问题发生了冲突，矛盾不可调和直到闹起了官司。

其中一家请求在京任官职的亲属张廷玉帮忙，但张廷玉并没有出面干预这件事，只是给家人写了一封信，劝解家人放弃争执。信中有这样几句话：“千里修书只为墙，让他三尺又何妨？万里长城今犹在，不见当年秦始皇。”

后来，家人果然听从了张廷玉的劝说，做出了让步。至此，邻居也觉得很不好意思。终于，两家握手言和了。这场你死我活的争端，最终化为了真心实意的谦让。

俗话说得好：远亲不如近邻。张廷玉并没有依仗自己得天独厚的权势来对这场争端横加干涉，没有故意偏袒自己的亲戚，而是退让，化干戈为玉帛，使得两家人没有因这种小事而结上宿怨，很好地处理了邻里关系，消除了彼此再次发生矛盾的隐患，这是一种长远的打算。

故事解析

现实生活中，有些人非常的“精明”。他们讨巧投机，任何事情上都要显得比别人更加神机妙算。他们费尽心思地算计着别人，觉得唯有自己是聪明灵敏的，可以时不时揩点儿油、玩儿些把戏讨点儿便宜占占。他们自以为过得比谁都好，这种人的功利心太重，把功利视为人际关系的首要。表面看似光鲜，可实际上，他们活得比谁都累，都紧张，缺乏真正的乐趣。

“让”就简简单单一个字，有时候会被认为是种屈服，一种软弱无能的表现。但从长远来看，“让”，其实是一种低调务实、通权达变的智慧。如果你是聪明的，就一定会懂得如何在恰当的时机按捺住心中的激动，保持隐忍的姿态。毕竟生活是理性大于感性的现实，而不是意气用事。

有些时候，忍耐是有附带条件的，如果你是一个主动提出忍耐的弱者，那么，在付出相当代价的同时，也能换得一份“存在”的空间和余地。“存在”是一切的根本，没有“存在”，就没有明天；没有明天，何谈未来。也许这种附带条件的忍耐对于每个暂时的弱者一方来说，都是极大的不公平，让人备受屈辱。然而，用这种所谓的“屈辱”换得了存在和希望，显然也是值得的。毕竟，我们的日子是要向前看的。

综上所述，遇到一些情况的时候，我们不一定非要硬碰硬，没必要一直强调自己的利益得失，做出让步，或许就不会把自己逼入绝境，而是把无望变成有望。留一点余地，心就不会游离；留一点余地，我们就还有扳回一局的可能。

故事穿越

有一回，洛阳国色天香的牡丹花盛开得很美，包拯一时兴起，就邀请全体僚属前来饮酒赏花。席中，包拯举杯敬酒，官员们个个善饮，自然一通豪饮，唯有王安石跟司马光的酒量极差。待酒杯举到司马光面前时，司马光眉头一皱，仰着脖子硬是把酒给喝了。但轮到王安石时，他执意不喝，全场哗然，酒兴顿扫。

司马光觉得自己上当受骗了，惹得众人嘲讽，都瞧不起自己，于是便开始喋喋不休地骂起王安石来。俗话说兔子急了还咬人呢，更何况是一个人。尤其是司马光这种，满脑子聪明智慧的人，一旦被激怒，开始喷人，气势会比泼妇更可怕。

王安石以牙还牙，司马光的祖宗八代都被他痛骂了一个遍。从此以后，两人结怨更深。王安石得了一个"拗相公"的称号，而司马光也没落下什么好评价，他忠厚宽容的形象大打折扣，以至于后来苏轼都骂他，还给他取了一个"司马牛"的绰号。

步入晚年后，随着心智的不断成熟，王安石和司马光都觉得以前的举动太过激，非常后悔。大抵是人到老年，心境平和，世事洞明，与世无争，可以消除一切执拗跟坏脾气。

后来，王安石曾对自己的侄子说："我这大半辈子，结交的很多朋友都给得罪了。其实，司马光这个人是个忠厚长者。"与此同时，司马光也私底下称赞过王安石，夸他文笔一流、品德高尚，功大于过。

再后来，兄弟二人好像商量过一样，在同一年的五个月之内，相继驾鹤西去了。

天国是个美丽而又安详的地方，“拗相公”和“司马牛”尽可以在那里和睦相处，再续友谊了，什么政治斗争、利益冲突、性格相违，已经彻底被瓦解了。

故事微语

一个心胸豁达，懂得谦让的人，会得到很多朋友；相反，一个心胸狭窄，爱占人便宜的人，会失去很多朋友。其实，朋友之间，相互谦让是件微不足道的小事，而对于王安石和司马光之间的遗憾，后人也只能报以一声叹息。

现实生活中，我们或许会遇到一些平白无故的批评，或是莫名其妙的指责；也可能会遇到同事和朋友们的误解；还可能会遇到一些不安好心的人，教唆自己陷入阴谋。在这种情况下，倘若我们还没搞清楚缘由，就立刻采取反击行动，就很容易把事情弄巧成拙，好事变成坏事，损害自己的利益，甚至殃及池鱼。如果气量大一点，则有助于我们顺利地处理好这些问题。

太过精明的人，的确会活得很累。他们精打细算，爱占人便宜，同时还在时刻提防别人，生怕自己也被人算计了。就这样时时警惕，小心翼翼地过日子。别人一句随意的话，或者不经意间的一些举动，在过分精明的人眼里，都会变成有目的性的，都会刺激到他们的内心。即便是晚上下班回家，躺在床上休息时，也要细细琢磨，生怕别人有什么谋划会使他们自己吃亏。

这种人在与别人相处时，会显得很不诚实、小肚鸡肠，甚至矫揉造

作，令人不想接近。日常生活中，我们会接触很多这种性格的人，他们大都生性多疑，不十分开朗。这些，都很可能是由于他们紧张的生活习惯导致的。

与之相比，不太会精打细算的人，反而很容易跟大家成为朋友，因为他们能够正常地与人相处，少有功利之心，懂得体谅关怀别人，多有温情，不会处处抱有戒心，这样，才容易让人接近。

郑板桥提出过"难得糊涂"的观点，其实真正的聪明人，并不是整天打小算盘患得患失的人，而是那种不会囿于世俗中鸡毛蒜皮之事而无法自拔的人，这样的人，心胸开阔、为人豁达，过的日子也是有意义、充满乐趣的。

心灵箴言

终身让人道，曾不失寸步。

——曾国藩

虽有戈矛之刺，不如恭俭之利也。

——荀子

用谅解、宽恕的目光和心理看人、待人，人就会觉得葱宠的世界里，春意盎然，到处充满温暖。

——蔡文甫

心似大海般的宽广

故事话题

公司普通职员郭女士离婚有半年之久了。这段时间内，她得了严重的失眠症，每晚只能睡两到三个小时。严重的时候甚至彻夜难眠，痛不堪言。为此，她的体重也迅速下降了二十多斤。

要说郭女士为什么会跟丈夫离婚，其原因只是一些捕风捉影的，根本没有证据的事情。某天，她发现丈夫手机里存着几条暧昧短信，就断言丈夫出轨，跟别的女人有不正当关系。无论丈夫怎么解释，她都无法接受，非要认定丈夫有了外遇。

随之而来的，就是郭女士对丈夫的手机和衣物过分地翻查。除此之外，她还时常跟踪丈夫，更夸张的还有专门花钱找人暗中调查自己的丈夫。这样前前后后折腾了整整一年的时间，可是除了先前看到过的那几条短信之外，再无发现任何异常情况。郭女士心中还是很不踏实，即便丈夫三番五次地解释，所有家庭成员都来劝解，也没能使郭女士原谅自己的丈夫。

最后，她选择了离婚。离婚半年来，在经历了一系列的波折之后，郭女士后悔了。她开始反思自己，埋怨自己，就这样，在患得患失中，换来了目前糟透了的精神状态。

故事解析

这个世上，任何一个人都不是孤独的，不论家人也好，朋友也罢，很多时候，都需要我们的宽容与理解。假使故事中的郭女士在发现暧昧短信之后能宽容一下丈夫，把事情说清楚，没有那么不依不饶的话，或许他们就不会离婚了。一意孤行、心胸狭窄，都会使人陷入自我折磨中难以逃离。

《周易》中有这样一句话：君子以厚德载物。意思就是说，如果是君子，待人接物的肚量就要像大地一样，任何东西都能够承载。

人世间并不存在绝对的好与坏，也并不是所有的坏与过失，都是人们故意而为之的。用一颗宽容的心去体谅别人、宽容别人，才能不被身外之物所拖累，从而长久地拥有恬静的心情。一个人，有了宽广的胸怀，有了可以容纳万物的心，就能够成就一番事业，并且赢得众人的尊重。

所以，从某种意义上说，宽容，即是体谅别人，也是善待自己。一个懂得宽容的人，一定会让自己活得快乐。

宽容，就是能够理解和尊重别人的不同看法、不同言论。有一个客观冷静的心态，不会将自己的观念强加给别人。这样的一个人，他的天地一定更加广阔，精神一定更加充实，灵魂一定更加美丽。宽容的友谊，必定地久天长；宽容的爱情，必定幸福美满；宽容的世界，必定和谐美丽。

故事穿越

1947 年，小沃森正式接管 IBM 公司，成为该公司的第二任总裁。另一位主人公叫伯肯斯托克，他是 IBM 公司未来需求部的负责人，也是刚刚去世的 IBM 公司二把手柯克的好友。柯克生前跟小沃森是死对头，所以，伯肯斯托克理所当然地认为：柯克死后，小沃森肯定不会放过自己，与其被人赶走，还不如主动辞职，痛快一点。

一天，伯肯斯托克来到了小沃森的办公室，他说：“这个没人干的闲差和销售总经理比起来，我能有什么盼头……”他知道小沃森和他父亲一样是个性情中人，爱面子，从不掩饰自己暴躁的脾气，所以来到他的办公室便不顾一切地跟他发火，心想这样一闹，也算是在辞职前出了口恶气。但奇怪的是，当听到伯肯斯托克说着“没有盼头”这样挑衅的话时，小沃森并没有动怒，而是非常平静，还用标准的微笑看着他。这反倒让伯肯斯托克有些不自在了。一时间，他也没有了言语，不知所措起来。

小沃森趁势说：“如果你有能力，那么，不仅在柯克手下，在我、我父亲手下都能成功。如果你觉得我对你不公，可以离开，如果不是，那就应该留下，因为这里有很多机遇。”

听完，伯肯斯托克默不作声。

“如果换作我，遇到现在的情况，理智会鼓励我留下来的。”小沃

森继续说道。伯肯斯托克愣了一下，继续嚷嚷道："我刚才的话你没有听见？"

小沃森没有回答，但心里已经几乎达到了"沸点"。他心里明白，伯肯斯托克是个不可多得的人才，他的存在能让公司掌握一个有力的资源，所以，强烈地挽留他。而后续的很多事实证明，小沃森的选择是对的。伯肯斯托克比刚去世的柯克还要精明能干，在促使 IBM 从事计算机生产方面，伯肯斯托克做出了不可估量的贡献。

伯肯斯托克对小沃森说："打孔机注定要被淘汰，假定我们不觉醒，尽快研制电子计算机，IBM 早晚要被瓦解。"小沃森相信了他的话，与他联手为 IBM 立下了汗马功劳。

后来，小沃森在他的回忆中还曾写下这样一句话："在柯克死后挽留伯肯斯托克，是我采取过的最出色的行动之一。"

故事微语

小沃森不仅留住了伯肯斯托克，后来还陆续提拔了一批他个人并不喜欢，但又非常有才干的人。小沃森可以算得上是一个成功的管理者，他懂得包容原本不能包容的人，从而借他人之力成就了自己的一番事业。

身为一个企业的领导人物，就要懂得用事业造就人才；用良好的氛围凝聚人才；用完善的机制激励人才；用稳定的保障留住人才。把企业人才的积极性和创造性培养起来，并且加以正确的引导，使其能力得到最大限度的发挥。除此之外，领导者还要善于经营人才，识才、用才、爱才、聚才，这是领导者的一项基本职能，也是一个成熟领导者的基本素质。

放眼古今中外，凡成大事者，无一不是以宽大的胸怀去掌握大的局面，比如：齐桓公不计管仲一箭之仇，拜他为上大夫，并授予他管理国政的权力；李世民发动玄武门之变，不计魏徵曾进言谋害自己的前嫌，重用魏徵，从而治国安邦，贞观长歌；曹操包容陈琳骂其三代祖宗之嫌，治好了头痛，重用了陈琳；刘秀焚烧投敌信札，不计前嫌，化敌为友，壮大自己的力量，终成帝业……

由此可见，包容是一种谦虚的态度，较之傲慢的态度来说，容人于内更能获得支持，拒人于外，自恃清高，反倒不容易成功；包容还是一种品格，人人都有七情六欲跟喜怒哀乐，都会有控制不住情绪的时候，能够保持宁静淡泊，能够宽以待人，便是良好的品格修养；包容更是一种境界，假使一旦超越地域、国家、语言、民族和文明的界限，那么，人的思想就达到一种至高无上的境界。

容可容之人，所有的人都能拥有一个展示自己的平台，竭尽所能去发挥自己的优势，这样，企业才有望不断强大，我们的国家才能够日益昌盛。

心灵箴言

仁者爱万物。

——《史记·赵世家》

山锐则不高，水狭则不深。

——刘向《新序·节士》

气馁者自画，量狭者易盈。

——朱之瑜《朱舜水集·恭敏》

以大度兼容，则万物兼济。

——《宋朝事实类苑·祖宗圣训》

恶人胆大，小人气大，君子量大。

——中国谚语

宁静淡泊，聆听内心深处的声音

故事话题

在一条老街上，住着一位老妇人。她年轻的时候绣了许多精美的工艺品，后来，她把刺绣品拿出来卖。

东西摆在门前，她从不吆喝叫卖，也从不跟人讨价还价，夜里也从不收摊。她的生意没有好坏之分，每天的收入刚好够她三餐跟品茶。她是个安详快乐的老人，不需要多余的东西，她过得很满足。直到有一天，一个不速之客的登门拜访，打破了她宁静的日子。

老人有一把紫砂壶，是丈夫生前留下的唯一纪念品。此壶古朴雅致，紫黑如墨，有清代制壶名家戴振公的风格。那天，老人在门前喝茶，一个文物商看到了她身旁的那把紫砂壶，便走了过去，顺手端起那把壶，看到壶嘴内有一记印章，是戴振公。商人惊喜不已，他想以 10 万元的价格买下它。当他说出这个数字时，老人先是一惊，然后又拒绝了，她不想将丈夫留给自己的遗物拱手让给他人。

老妇人虽然没有把壶卖给商人，但她的内心已经起了一丝波澜，难以平静。那天夜里，是老人活了大半辈子以来的第一次失眠。

一把普通的壶，突然间成了价值连城的稀世珍宝，老妇人对此百思不得其解。过去，她总是把壶放在身边，躺在摇椅上闭目养神。可自从发生这件事，她就总是时不时地看一眼紫砂壶。而更令她感到不舒服的是，自打周围的人都知道她有一把价值连城的茶壶后，就一个接一个地蜂拥而至。有人问她借钱，有人向她索要其他宝物，更过分的还有的人半夜三更去推她家门。

如此一闹，老妇人的生活被彻底打乱了，她不知道自己该如何处置这把紫砂壶。就在她感到纠结的时候，商人带着 20 万元的现金再一次登门拜访。老人再也坐不住了，她将左邻右舍都叫了出来，把紫砂壶当众摔碎了。

后来，老人又跟往常一样，躺在门前的摇椅上闭目养神，安享晚年，再无烦忧。

故事解析

“淡泊以明志，宁静以致远。”这句话道出了人生的许多真谛。追逐名利，是误入歧途。淡泊名利，可能平凡，但是绝不至于会平庸；追名逐利，可能会风光一时，但心灵不会自由，也活不出真正的精彩来。

宁静，能够将人心中纷杂的浮躁沉淀下来，过滤出人性中存在的杂质；宁静，是一种气质，只有有一定境界跟修养的人，才能达到这种充满内涵的悠远。老妇人的沉默从容、安之若素，体现出了可贵的涵养与理智，更给予了她幸福而绵长的人生。

一个人，只有在不追逐名利，崇尚简单生活的状态下，才能得到一份安然，获得自己的志趣；也只有在远离热闹，身处安宁平静的环境中，才能达到远大的目标。

在现世社会中，一个真正懂得宽容的人，会抱着一种超然物外的心理看待人生。当然，超脱其外，绝对不是完全脱离现实生活不问世事。能修成正果的人，都会为了“道义”二字奉献自己，即便有时候会因此而遭到诽谤和不公，他们也依然可以做到按心不动，保持一副应对自如的姿态。

游戏人间的态度，其实并非玩世不恭，而是让自己放松心情，守住做人的本分，超脱世俗的牵连，不被物质所累，心灵即达圆满。名与利乃身外之物，面对名利，我们要做到处之泰然，不惊不喜；失之淡然，不悲不怒。这样，我们才能够在这个浮躁的年代，甘于寂寞，保持清静圆满的心态，坚定不移地去努力，去追求。

故事穿越

在古时，有一位国王非常喜欢赏画。一天，他贴出告示，说，如果有高人能够画出最能代表宁静意境的画，就赏他一千两银子。

告示一经张贴，就引来了众人的围观。自那天起，全国的画师们都忙了起来。他们各尽所能，把自己最满意的作品送到皇宫，请国王鉴赏。

那些画作的内容极其丰富：有清幽的湖水；有寂静的山村；有静谧的黄昏；有万里无云的一片蓝天……可是，竟没有一幅画能打动国王的心。直到有一天，一个游方和尚前来献画，奇迹般地打动了国王的内心。那幅画上画着乌云翻滚、闪电雷鸣、狂风大作，雷雨笼罩着群山。

对于国王最终的选择，大臣们和其他画师都百思不得其解，这幅画分明表现的不是宁静，为何会被选中，还获得了一千两银子的赏赐？后来，国王让他们每个人又重新仔仔细细地观察了那幅画，这时候他们才发现，原来，雨幕中的嶙峋山石崖下，有一个小缝隙，里面有一个鸟窝，一只小鸟在里面蹲着，样子很安详，很惬意，任由外面翻天覆地地电闪雷鸣，似乎也不能将它打扰，那些景象丝毫没有影响到它。

待众人明白过来，国王又说："宁静祥和，不必要一丝噪声都容不下，也并不是没有人生活的地方。宁静是一种感觉，是一种心态。如果一个人身处逆境，还能够保持心中的澄澈，那便是宁静的真谛。"

故事微语

正如国王所说，宁静是一种感觉和心态，与外界无关。身处逆境的人倘若能理智冷静地处理问题，静观其变，那么就能领悟出宁静的真谛了。在喧嚣的繁华都市，人们唯有拥有宁静的心灵，才不会对名声显赫、腰缠万贯动心，也不会总想着声名鹊起，更不羡慕美宅华第。因为所有的奢望和欲求，都很有可能只是一厢情愿，只能给生命增添无谓的负担，让自己与快乐和幸福背道而驰。

很多人都被身外之物遮蔽了内心，为此也给人生留下了不少遗憾：在学业上，不懂得聆听内心的声音，盲目地遵从他人为自己选择的方向；在事业上，盲目跟风，追求高薪职业，而忘记静下心来听听内心的声音，导致在不喜欢的工作上百般纠结；在爱情上，对经济、地位等非爱情因素的追求太多，扭曲了内心的声音，错误地选择了人生伴侣……

这一切，让人们离幸福越来越远，变得越来越不开心。导致不幸福的根源，其实就是忽略了自己内心的声音，没能在外界的作用下保持一份心灵的宁静。

心灵箴言

忍一句，息一怒，忍一事，少一事。

——中国谚语

一忍可以支百勇，一静可以制百动。

——苏洵

心胸豁达！足能涵万物，心胸狭隘！无能容一沙。

——[西班牙] 安东尼奥·博尔基亚

东海广且深，由卑下百川；五岳虽高大，不逆垢与尘。

——曹植

第二篇

学会感恩，获得生活的眷顾和宠爱

生命，它不单单是一个个体，它应该是一个相互依存的整体。人从获得生命的那刻起，便不知不觉的沉浸在恩惠的海洋里。因为有了感恩，才有了这个多姿多彩的世界；因为有了感恩，才让我们懂得了生命的真谛；因为有了感恩，生命之间才能和睦相处。

容纳生活的瑕疵，不求苛刻的完美

故事话题

有这样一个故事：一天，一位老和尚跟徒弟们说：“你们出去给我捡一片最完美的树叶，谁找到了谁就是我的传人。”两个徒弟领命而去，各自找叶子去了。

一个时辰不到，大徒弟就回来了。他递给师父一片并不漂亮的树叶，并且一脸自信，毫无难过之意，轻松地看着师父。高僧看着他，淡淡一笑，心里说：“这片树叶虽然并不完美，但是它已经是我看到的最完美的树叶，因为我已经从大徒弟的身上，看到了自己所需要的东西。”

过了很长一段时间后，二徒弟才走回寺中。他两手空空，什么都没带回来。他径直走到师父跟前，说：“师父，这一路上我看到了很多很多的树叶，但是怎么也挑不出一片最完美的来。”高僧听完，哈哈大笑起来，却什么也没有说。

过了几天，老和尚把衣钵传给了他的大徒弟。二徒弟见状，心里多有不满，于是找到师父理论。师父看着他，说：“现实生活中原本就不存在绝对的完美。假使一切都完美了，那么人世间的喜怒哀乐、生态万千，也都会消失了，一成不变的单调生活是没有意义的。从这件事上看，你的师兄比你要更懂得人生。”

人的初衷总是最美好的，很多人都像故事中的二徒弟一样，凡事都想得到最理想的结果，“捡一片最完美的树叶”，但如果不切实际地一味找下去，一心只想十全十美，最终往往会两手空空。直到有一天，我们便会明白：仅仅为了寻找一片最完美的树叶而失去了更多的机会，是得不偿失的。只有放眼现实，容纳生活的瑕疵，懂得知足，我们才会抓住机遇，好好生活。

故事解析

生活从来都不是完美无瑕的。真理与谬误、善良与邪恶、希望与失望、成功与挫败、正确与过错……诸如此类之间，都是相辅相成的共存状态，正因为有了它们，生活才能变得有血有肉，丰富多彩，触动人心。

比如一公升的糙米，在经过细致碾磨后，就会消耗掉5%的分量，剩下的95%才是精纯的白米。但是由于早期人们使用的碾米机太过粗糙，所以，白米里面常常会夹杂着一些碎米糠。这时，人们就要面临一个选择：是把掺杂了碎米糠的米全部挑出来，还是直接贱卖出去。如果太在乎碎米糠，想将它们全部挑出来的话，就一定会花费很多时间和精力，这样的话，就没有余力去做别的事情。所以，与其浪费时间，不如把它贱卖出去，腾出时间好好利用，可以在其他方面获利。

十全十美在现实生活中是很难找到的，这种完美之事只存在于人的想象中。从另一个角度看，或许生活正因为存在一些残缺跟不足，才使得我们拥有一份自己的期许跟梦想。有梦想，才有希望；有希望，我们才能更好地生活下去。当我们为梦想和希望而付出努力和艰辛时，我们就已经拥有了一个完整的自我。

故事穿越

有个小和尚，在念经的时候，心却不在经上，而是在脑海中反复重播师兄弟们说的闲话。他越想越气不过，后来忍不住跑去向师父告状。

一进门，他就嚷嚷道："师父，他们总说我的闲话。"

老和尚双目微闭，轻轻说了一句："是你自己总说闲话。"

小和尚不服，于是继续说："他们瞎操闲心。"

师父说："不是他们瞎操闲心，瞎操闲心的分明就是你自己。"

小和尚说："他们多管闲事。"

师父说："不是他们多管闲事，是你自己多管闲事罢了。"

小和尚说："师父为什么这样说？我管的都是自己的事啊。"

师父笑了，说："操闲心，说闲话，管闲事，那是他们的事，他们说他们的，与你何干？你不好好念经，总想着他们操闲心，结果反而是你自己在操闲心。你一再强调他们背后说你闲话，那么你在跟我说这件事情的时候，难道不也是在说他们的闲话吗？你想干预他们说你闲话的事，难道不也是你在管闲事吗？"……

听师父一番话之后，小和尚豁然开朗。从那以后，便静心念佛，不再过问外界的流言蜚语。

故事微语

豁达大度，是一种情操，也是一种修养。豁达的人才真正懂得善待自己和善待他人，生活才会充满欢乐，拥有自在的人生。小和尚之所以会非常苦恼，是因为师兄弟们总是背后说他的闲话，无所不在的闲话，让他无所适从。

“春有百花秋有月，夏有凉风冬有雪；若无闲事挂心头，便是人间好时节。”向来谣言止于智者，闲言止于忍者。人生在世，转瞬即逝，所以，我们只需要活出自己的精彩便可，不必要去介意别人的诽谤和误解，那些永远不足以作为生命的主题。

纵观历史上曾经叱咤风云的大人物，每一位都有一颗宽容的心，也正是因为他们拥有宽容博大的胸怀，能容他人所不能容，他们才成为了历史长河中最为璀璨的星星。爱说闲言碎语，是别人的陋习；爱搬弄是非，是别人的过失。如果将这些闲言碎语挂在心怀，只会把自己弄得身心疲惫；如果谨记别人对自己的加害，只会变得不开心。世界因宽容而存在，万物因宽容而繁荣，作为人类，我们都要学会宽容。

心灵箴言

知足天地宽，贪得宇宙隘。

——曾国藩

知足而不贪，知节而不淫。

——林逋

为人但知足，何处不安生？

——耶律楚材

知足者仙境，不知足者凡境。

——洪自诚

人苦不知足，既平陇，复望蜀。

——范晔

善待挫折，发现人生中的另一个出口

故事话题

曲乐恒先前是一名足球运动员，这个在超霸杯中连中三元的球场猛将，王者一般地傲视着自己的领地。那些在看台上欣赏比赛的观众们，就是他的臣民。每每在他带球射门球进的时候，观众席那边，都会爆发出震撼人心的尖叫声。而这些欢呼，就是对这个球场霸王的成绩的肯定。

不幸的是，后来，他在一场车祸中失去了灵活的双腿。天降横祸之前，曲乐恒一直深信自己的人生会跟自己的名字一样，一辈子快快乐乐地生活下去。没有人能料到，这个驰骋球场、叱咤风云的人物，会在一场劫难中，跟自己的梦想作别。

车祸发生后，曲乐恒再也没有开心地笑过。那种在球场上肆意挥霍的霸气，在脆弱的生命面前，还是卑微地垂下了头。他就像变了一个人，总是悲观沮丧地出现在大家的视野中。他生命中所有的快乐，似乎都随着车祸的发生，一起被击碎了。

此时此刻，曲乐恒觉得自己的名字仿佛是对自己那张凄苦的脸硬生生的嘲笑。人们原本以为他会在打赢官司，得到巨额的赔偿后，能令自己这个球场王子一展笑颜，但是曲乐恒让大家失望了。如果可以，他宁可破财免灾的是自己，只要能重新站起来，重回自己热爱的球场。

要让一个人振作起来，远比让他受挫更难。可当大家就要对曲乐恒失去信心时，他又变得坚强起来了，原因是他意识到，自甘堕落非但不能挽回什么，还会让他人失望。他不接受别人的同情，他要的是维护一颗自尊心。

失去双腿的曲乐恒，用自己的双手，在大家意料不到的情况下，顽强地拿起了剑。后来，他在全国首届轮椅击剑赛上，夺得了 8 级花剑个人赛的铜牌。终于，曲乐恒的脸上，又出现了以往自信的笑容。他坚信，只要坚持不懈，努力生活，捍卫尊严，不做弱者，自己就一定能获得成功。于是，这个坚强的男人又一次，以一个王者的姿态出现在了大家的眼前。

故事解析

人常说上帝是淘气的，喜爱捉弄人，他早就为我们的人生布置好了大大小小的路障。我们永远不能得知前方多远处会有一个陷阱等着我们，唯一能确定的是，我们最终都可以迈过去。

没有谁天生就是不幸的，没有谁一辈子都会处在逆境之中不得翻身，即使遭受逆境，只要看得到希望，愿意吃苦、艰苦奋斗，就一定可以将自己的处境往好的方向扭转。困难，虽然能给人带来一时的痛苦，令人失去一些宝贵的东西，但是问题一旦得以解决，你就会收获比失去更多的回报，那是一笔永远不会贬值的人生财富，是激励一个人前进的动力。

人生没有节目预告，我们无法猜中接下来上演的会是什么；人生也没有天气预报，我们探测不到我们的人生气象。当电闪雷鸣、风雨大作来袭时，我们或许会不知所措。但我们应该清楚，人生，不可能一帆风顺，一片坦荡的成功并不存在，每个人都会经历大大小小的磨难，如果过分纠结于那些困难的话，我们就永远不可能跨过那个坎。

挫折和困难是成功的前提，是成功的一部分。世界上在逆境中打过翻身仗的人不计其数，他们在底层拼搏求生，锻炼在这个弱肉强食的世界里生存的能力。他们最终成为了一个成功的人，铸就了一段成功的人生。

所以，每个人的人生，都会有不同的结局，艰难困苦只是暂时的，幸福才是永恒的。想给自己的人生画上一个圆满的句号，就要正视所有的风雨兼程，并且坚信晴天就在不远处。

故事穿越

美国著名的潜能开发大师席勒，经常到全国各地去做演讲。他那精彩的演讲内容，以及他固有的坚定的语气，散发着一种魅力和能量，使很多听众都备受鼓舞，信心倍增。

席勒经常挂在嘴边儿上的一句话就是："一切困难的背后，都必定藏着一个巨大的幸福在等着你。"这句话意义深刻，世界各地的很多人都信奉这句话，并以此激励自己，连席勒年幼的女儿，也深受教育。

席勒的女儿只有几岁大，因为遭遇到一次意外事故，而被迫截肢。但是，这个年纪幼小的女孩子在不幸面前并没有退缩，没有放弃自己，而是表现出了超乎常人的意志力。很多时候，就连席勒自己都不能控制情绪的情况下，女儿都能反过来安慰自己的爸爸。她经常跟爸爸说的一段话是：

"亲爱的爸爸，您不是说过，困难的背后，一定会有一个很大的幸福在等着我们吗？虽然我没有腿了，可是我还有手！"

后来，小女孩儿长大了。她凭借坚强的毅力，刻苦地训练，终于成为一名享誉盛名的全垒球王。

故事微语

命运是公平的，在将一扇门关上的同时，会开启一扇窗；在赐予人们某样东西时，也会带走另一样东西。这样一来，就能达到一种平衡，不会令人看不到希望，也不会事事溺爱人们。对于现世社会中的我们来说，只要还拥有生命，不论身处什么样的困境，都有办法找到命运为我们早早预置的另一个人生出口。

很多时候，有些人会觉得自己的命不好：别人拥有的美貌自己没有，别人有显赫的家世自己也没有，甚至，连最基本的健全的身体都不具备。每当这些情况出现在某个人身上的时候，这个人就会觉得上天对自己不公。

实际上，我们之所以会觉得不幸福，会对自己的人生没有感恩之心，

并不是因为上天对我们不公，而是很多时候我们太不知足，身在福中不知福。其实，从某种意义上说，有些离合悲欢、伤心痛楚，也未尝不是一种幸福，只是我们还意识不到而已。

贪心，是人的天性。对于有些注定不属于自己的东西，很多人永远不知道满足；对自己所拥有的东西，又不懂得珍惜。俗话说“塞翁失马，焉知非福”，说不定，一个转身的距离，你就能拥有完整的人生。

换句话说，假使我们总是把目光集中在困难、挫折、烦恼和痛苦上，我们的心，就会被消极思想霸占，而且还会不自觉地将一个“小黑点”夸张成一大片阴影，甚至是天昏地暗。其实，这种倒霉透顶的感觉只是一种夸大其词，是歪曲的消极意识和心理错觉，并不是真实的。如果保持这种习以为常，却又十分荒谬的心理倾向，人是得不到成功的。

正所谓“山重水复疑无路，柳暗花明又一村”。有人只能看到生活中的“黑点”，也有人能看到生活中的“白点”，而后面这一类人，善于在黑暗中探寻光明，在绝望中找希望。怀着一颗充满希望的心，就会被注入强大而神奇的精神力量，这样，人就会有勇气面对各种困境，并把困境带来的压力升华为动力。

心灵箴言

以勇敢的胸膛面对逆境。

——[古罗马] 贺拉斯

短时期的挫折比短时间的成功好。

——[古希腊] 毕达哥拉斯

一旦能容纳自己的失败，就会变得比失败更强大。

——[美] 哈罗德·埃文斯

任何高处，未有人间所不能达者。然而欲达目的，则不可不以决心和自信为之。

——[丹麦] 安徒生

困难是欺软怕硬的。你越畏惧它，它愈威吓你。你愈不将它放在眼里，它愈对你表示恭顺。

——宣永光

感谢窘境，抓住超越自我的契机

故事话题

从前，有一位拥有高超捕鱼技术的的渔夫，由于他从小就善于捕鱼，所以很早就为自己积攒下了一大笔财富。按理说渔夫应该是幸福自在的，但随着年龄的增长，年事已老的渔夫却总也高兴不起来，因为他的三个儿子捕鱼技术都极为平庸，老渔夫担心将来他们不能养活自己。

一天，老渔夫找到一位在附近居住的禅师，向他倾诉心中的苦闷。老渔夫说：“我实在是想不通，我的捕鱼技术那么好，为什么我那三个儿子却没有一个能继承我的才能的？自他们懂事起，我就手把手地从最基本的开始教他们，等他们长大后，我又传授给他们如何识潮汐、辨鱼汛……凡是我的毕生绝学，都传授给他们了，但是他们的捕鱼技术为何还不如海边那些普通渔民家的孩子们？”

禅师浅浅一笑，便问他是否一直手把手教儿子们学捕鱼，老渔夫的答案是肯定的。禅师继续问他儿子们是否一直跟随他学习，老渔夫的答案依然是肯定的。

“这么说来，你儿子们的捕鱼技术铁定好不到哪里去了。因为你只知道把技术传授给他们，却从来没有让他们亲自下海演练。不曾历经艰险，如何能掌握其中要领？根本就是纸上谈兵。”

故事解析

事实正是如此：不经历风雨折磨，禾苗永远结不出饱满的果实；不经历挫折，雄鹰永远不能高飞；不经历磨难，士兵永远当不上元帅……自然界告诉我们的真理就是这样简单：想要变得更加优秀，就必须经得起摔打。渔夫的儿子们从来没有经历过磨难跟挫折，所以永远得不到收获成功的要领。

在日常生活中，只有经历磨难，人才能更快、更好地成长，生命也只能在不幸与困境中得到升华。就如蝴蝶，它的幼虫是在一个洞口极为狭小的茧中度过的。当它的生命要发生质的飞跃时，那娇嫩的身躯，就必须要竭尽全力，冒着致命危险从这个狭小的通道中破茧而出。

曾经有人在观察中动了恻隐之心，试图用剪刀在茧的洞口剪大了一些，但结果是，那些所谓的“蝴蝶”在破茧而出之后，无论如何都飞不起来了，只能拖着失灵的翅膀爬行。

这时人们才明白，那“鬼门关”般的狭小茧洞，其实正是帮助蝴蝶幼虫两翼成长的关键所在。通过用力挤压，才能将血液输送到蝶翼的组织中去，唯有两翼充血，蝴蝶才能振翅飞翔，人为地扩大茧洞，会使蝴蝶的翼翅失去充血的机会，所以，破茧之后便无法飞行了。

我们不妨设想一下，将这个道理放在人的身上：站在人生的十字路口，我们如果选择了一条平坦的大道，去享受安逸，那么，我们就会失去一个历练自己的机会；而如果我们选择了一条坎坷的小路，那么，我们的青春就会在摸爬滚打之后，获得人生的真谛。

故事穿越

有这样一个发人深思的故事：

一天，有个渔夫在河边捕鱼。就在这时，他忽然发现不远处有一个看似要跳河轻生的妇人在哭泣。于是他过去问妇女：“你要跳河自杀？但是为什么呢？”

妇女抬眼一看，又止不住地抽噎着说：“我……我被丈夫给抛弃了。我是又生气又伤心，活着已经没意义了，我熬不下去了。”

“哦，那你什么时候认识你丈夫的？”渔夫继续问道。

“我是三年前认识他的，后来觉得还不错，就结婚了。可没料想，我们刚结婚一年，他就出轨了，不要我了。”那妇人越说越伤心，起身做出要跳下去的姿势。

“你先等等，”渔夫及时地制止了她，继续问，“那你告诉我，三年前你还没有遇见他的时候，你是怎么过日子的？没有他你真就活不下去了吗？”

妇女回想了下，说：“三年前还没有认识他的时候，我生活得很好、很快乐。”

“这就是了啊，三年前你可以活得很快乐，那么三年后的今天，没有了他，你照样可以过得很好啊。抛弃你是他的错，你犯不着拿别人的过失来惩罚自己。况且，你以为你死了，他就回心转意了？不一定吧。即便是他会后悔，你人不在了，一切也都于事无补了，何苦呢？”渔夫劝解道。

“是啊，你说得很有道理。谢谢你让我明白了生命的可贵，如若不是遇见你，被气昏头脑的我纵身一跃，就再也看不见明天的朝阳了。”妇人终于笑了，轻松地离开了。

故事微语

故事中那位妇人的丈夫，几乎不太可能会因妻子的死而回心转意。试想，即便是他的丈夫会有所悔意，但妇人已经驾鹤西去，二人生死两相隔，一切还有什么意义呢？

所以，现实生活不是唯美小说，更不是琼瑶剧。很多时候，人在面对困难时，太过极端跟纠结，是不能把问题解决好的。所以，在日常生活中，我们没有必要因为一些已经发生的，不可挽回的错误而做出毫无意义的牺牲，那样只会在自己气愤低落的情绪中，让自己受到损失，抑或是使周围的人受到情绪的牵连，最终没能让错误本身发生任何改变。

生气的影响是十分消极的，没有任何效用，还十分惹人生厌，是一种极其无聊的举动。所以，没有人会喜欢去做一些无聊的事情，自己寻找无谓的烦恼。超越那个不够潇洒的自己，你的心智就能够更上一层楼了。

心灵箴言

千磨万击还坚韧，任尔东南西北风。

——郑板桥

患难困苦，是磨炼人格之最高学校。

——梁启超

一个人在科学探索的道路上，走过弯路，犯过错误，并不是坏事，更不是什么耻辱，要在实践中勇于承认和改正错误。

——[美] 爱因斯坦

失败也是我需要的，它和成功对我一样有价值，只有在我知道一切做不好的方法以后，我才能知道做好一件工作的方法是什么。

——[美] 爱迪生

对指出你错误的人说声"谢谢"

故事话题

一天，有个年轻人顿感脑袋里面昏昏沉沉的，异常难受，于是，他决定到外面去散散步、透透气。

走着走着，不经意间，他就走到了一座寺院后面的一个莲花池旁边。放眼望去，池中莲花正值盛开之际，格外美丽。年轻人看得出神，心里顿时冒出一个非分之想："这里的莲花那么漂亮，如果我摘一朵带回去放在身边，闻着莲花的芬芳，精神肯定会好很多。"于是，他便弯下腰去，真的摘下了一朵。

正当他要离开的时候，一个低沉的声音忽然从他耳畔传来："你是何人？竟敢偷摘我寺院的莲花！"年轻人吓了一跳，连忙回头去看。只见寺院的方丈朝他走了过来，边走边对年轻人说："亏你还是个修行之人，居然还敢偷摘寺院的莲花，你可知错？"

年轻人回过神来，心中顿时感到深深的惭愧。他急忙向方丈施礼，说道："大师，我知道错了，以后一定痛改前非，杜绝贪念，不再私自去拿任何一件不属于自己的东西。"

而正当年轻人惭愧忏悔之际，又有一个人突然跑到莲花池旁边，兴高采烈地说："这莲花开得多好啊，要是采下来拿到山下去卖钱，没准儿就能帮我把昨天赌输的钱赢回来了！"话音刚落，那人就径直跳进池里，采来采去，不一会儿，就把整池的莲花摘得寥寥无几了。

站在一边的年轻人满心期待着方丈去制止，并且惩罚那个摘莲花的人，可等了半天方丈也没说一句话。年轻人不明所以，只觉得不公平，便很不服气地问道："大师，方才我不过只摘了一朵莲花，您就把我严厉地斥责了一番。可是那个人采走了那么多莲花，您怎么一句话都不说呢？"

方丈笑着说："你跟他不同。你本是修行之人，就好比一匹纯白的

布，但凡碰上一滴污点，就能看得真切，所以我才提醒你，除去污浊，恢复纯净。而刚才那个人，他原本就是一个恶棍，就好比一块抹布，就算上面满是污点，也看不出来。我恐怕费尽唇舌也帮不了他，只好任他去承受恶业，所以才默不作声的。年轻人，有人愿意纠正你身上的缺点，说明你还很洁白，值得清洗，这是值得庆幸的事啊，你不应该抱怨了。”

故事解析

生命中最可贵的人，往往就是那些敢于揭露你的缺点，并严厉批评你的人。因为很多事情都是当局者迷，旁观者清，他们能看清你的问题所在，并引导你走向正确的方向。

很多时候，有人批评你，是因为你还有可纠正的地方，说明你还有改善的空间。如果你已经到了“朽木不可雕”的地步，根本没有进步的可能，那就不会有人为你多费唇舌、浪费口水批评指正你了。由此可见，人生的道路上，向我们提出有利建议和批评的人，才是最爱我们的人。

换个角度说，对于我们而言，能让我们记忆犹新的，往往也是那些真正批评过我们的人。唯有这些在我们面前敢于说真话的人，才是真心为我们好，希望帮助我们取得长足进步的。所以，我们应该感谢他们，感谢他们对我们的批评，让我们学会不断地修正自己，不断地完善和充实自己。正是他们“无情”的批评指责，指明了我们前进的方向，从而使我们成长得更快，离成功更近。

故事穿越

温斯顿·伦纳德·斯宾塞·丘吉尔曾于1940年至1945年出任英国首相。任职期间，丘吉尔尽力为民且为人高尚，深受民众的拥护和爱戴。但是，丘吉尔的某些做法也极大地损害了一部分人的利益，使得部分民众对丘吉尔大有不满、颇有微词。

有一次，丘吉尔去出席一个重要会议。在会议上，有一位女士表现得特别激动，她对丘吉尔毫不留情面地破口大骂，说："如果我是你太太，我一定会在你的咖啡里下毒！"

话音一落，会场上的气氛立刻变得凝重起来。前来参加会议的人员都纷纷望着丘吉尔，想知道他会怎样应付这个突发事件。

只见丘吉尔微笑着答道："如果你是我太太，我一定将此咖啡一饮而尽。"

听了丘吉尔的说辞，大家不由得都在心中为他喝彩。

故事微语

人生在世，我们难免会受到外界的批评与指责。如果你被批评了，那是因为批评你的人会获得一种重要的感觉，这也能说明你是有成就的，而且是引人注目的，所以你根本没有必要去生气。与其气急败坏地去跟人争辩、理论，倒不如用幽默之语、宽容之心将对方的批评与指责化解。

很多时候，流言蜚语只是一些无聊的人，在无聊的生活之余的谈资而已，本身并没有什么恶意。对于这些随口说出的言论评价，我们也完全可以视之不见，听之不闻，即便是偶然从他们身边经过时会听到，也可以一笑了之，没有必要放在心上过分计较。

学会宽容，原本就是我们为人处世的需要。人世间并不存在绝对化的好与坏，很多时候往往是正邪善恶交错，所以，我们立身处世有时也要有清浊并容的雅量。

待人宽容，不仅能使指责你的人达不到预期的目的，而且还向别人彰显了你的大度，何乐而不为呢？我们证明自己比别人强的一个有力的筹码，就是我们的容人之量。

心灵箴言

不傲才以骄人，不以宠而作威。

——诸葛亮

无论在什么时候，永远不要以为自己已知道了一切。

——[俄罗斯] 巴甫洛夫

当我们是大为谦卑的时候，便是我们最近于伟大的时候。

——[印度] 泰戈尔

只有心甘情愿地坚持正确的东西，才能从中得到不可言喻的安乐。

——[澳大利亚] 马蒂尔

凡过于把幸运之事归功于自己的聪明和智谋的人多半是结局很不幸的。

——[英] 培根

远离抱怨，我们才是拯救自己的上帝

故事话题

明朝宣德和正统年间，赵豫担任松江知府。他对老百姓嘘寒问暖，关怀备至，深得松江老百姓的推崇跟爱戴。

赵豫处理日常事务时，有他自己的一套工作方式。每次见到有人来打官司，如果不是很急的事，他都会慢条斯理地说：“各位消消气，明日再来吧。”

起先，大家对他的这套工作方法并不感冒，甚至还暗地里编了一句“松江知府明日来”的顺口溜来讽刺他。这句顺口溜慢慢地在老百姓中间流传开来。从那以后，赵豫在民间就有了一个响亮的绰号——“明日来”。

听到这个绰号，赵豫总是仁慈地笑笑，从不责备叫他绰号的人。赵豫曾对人说起过“明日再来”的好处。他是这么解释的：“有很多人来官府打官司，是乘着一时的忿激情绪。而经过冷静思考后，或者别人对他们加以劝解之后，气也就消了。”

故事解析

前来告状的人气消了，官司就能得以平息，这样一来，人间就会少了许多的恩恩怨怨。“明日再来”这种处理一般官司的做法，是极合乎人的心理规律的。以“冷处理”缓和情绪，不急不躁，才能理智地对待所发生的一切，避免不必要的争执。忍一时的不冷静，对人对己都有好处。

事情往往都是这样的，你越是着急，你就越不会成功。因为着急上火会使人失去清醒的头脑。如果在我们奋斗的过程中，浮躁占据着我们的思维，使我们不能正确地制定方针、策略以稳步前进，我们就不能有效地达成目的。

成大事者，首先需要克服的，就是自己的浮躁情绪。只有正确地认识自己，我们才不会盲目地让自己奔向一个超出自己能力范围的目标，而是踏踏实实地去做自己能够做的事情。

中国文化的精髓在于以静制动、稍安勿躁。当人们控制住了内心的浮躁，便可以经受得住成功沿途道路上的苦，有耐心与毅力一步一个脚印地向前迈进，不会因为各种各样的诱惑而迷失方向，制定一个接一个的小目标，然后一个接一个地实现它，最后走向大目标。

故事穿越

古希腊神话中，有这样一个故事：

科林斯国王西西弗斯因为得罪了宙斯，死后被打入地狱受惩罚。从此，他将遭受永无止境的苦役，那就是将一块巨大的石头从奥林匹斯山下徒步推到山顶，而当巨石被推到山顶的时候，它又会自动地滚落到山下，就这样，周而复始地运转、重复，这就意味着西西弗斯永远也不可能完成这项任务，永远都要在这个艰苦的地方，单调地重复着令他十分绝望的苦役劳动。

后来突然有一天，当西西弗斯正全力以赴地做这项工作，并且全神贯注地观察着自己的每一个动作时，忽然间发现，自己搬动巨石的每一个动作是那么的优美，那么的和谐。于是，他开始满意地欣赏，并专注地观察起自己全力以赴的每个动作。忽然间，他的内心产生了一种尊贵、满足与快乐感，于是，他内心所有的苦恼、疲惫、绝望，统统消失得无影无踪。

西西弗斯全身心地欣赏着，且享受着这份苦役，他不再抱怨和焦虑了。正在他满足地欣赏着自己每一个动作的美感时，神奇的一幕降临到他的身上了。诅咒在一刹那间自动解除，巨石也不再滚回山下。

就这样，原本不可能逃离苦役的西西弗斯，在忘记苦恼疲惫之后，心境平和地欣赏着自己动作的优美之时，终于奇迹般地解除了诅咒，获得了自由。

故事微语

确实，我们每一个人都喜欢去面对一张由于饱含热情而微笑的面容，神也不例外。

要知道，没有人天生喜欢去看一张生着气的，凶神恶煞的面容，即便是面对血浓于水的亲人或无话不谈的知己，也是如此。他们虽然会包容你的任性、自私、冲动等所有不好的习惯，但是你愤怒的容颜，还是照样会引起他们的厌恶，甚至还会影响你们之间的感情。更不必说在工作中，或者其他方面的人际关系了。容易动怒，将会断送你的好人缘。

微笑，如果可以比作是一件优雅的外衣，那么愤怒，则是一种粗鲁的代号。当愤怒像瘟疫一样在你周边不断扩散的时候，人们会选择远离你。

威尔逊总统曾经说过这样一句话："如果你握紧了两个拳头来找我，我可以告诉你，我的拳头会握得更紧。"

毫无疑问，每个人都会全力以赴地维护自己，当有人用愤怒给自己造成伤害的时候，自己也很有可能会以同样的方式来回应别人，反过来说，道理一样。所以，在人生的大舞台上，是没有人乐意去欣赏一场生气的表演的。如果有人毅然决然地去尽情地演绎，最终受伤的，只会是自己。所以，我们要远离抱怨，远离愤懑，坦然地面对生活。

心灵箴言

不怨天，不尤人，下学而上达，知我者其天乎？

——孔子

知命者不怨天，知己者不怨人。怨天者无志，怨人者穷。

——荀子

人生是不公平的，习惯去接受它吧。请记住，永远都不要抱怨！

——[美] 比尔·盖茨

一个以自我为中心的人总是在抱怨世界不能顺他的心，使他快乐。

——[爱尔兰] 肖伯纳

假如生活欺骗了你 不要难过 不要忧伤，在愁苦的日子里心平气和，相信吧 幸福的一天终究会来临。

——[俄罗斯] 普希金

第三篇

谦卑待人，让谦卑的自己低调释放

谦卑，是一个很渺小的词，却博大到可以吞吐八荒，容纳天地。人懂得了谦卑，才算真正懂得了人生。谦卑的人，最高贵。谦卑的心，最善良。它如水，润泽万物而自居最低；它如阳光，照耀天地而默默无闻；它如星辰，光明宇宙而仿佛渺小。

反躬反省，打扫思维里的“污垢”

故事话题

杰克初次踏入政坛，即将参与竞选的他，经人引荐，要去拜访一位资深的政界人士，并且希望这位叱咤政坛的前辈，能够传授给他一些成功经验，教教自己如何获得更多的选票，为竞选添加筹码。

听了杰克的来意，这位资深的政界人士表示很乐意跟他谈一谈，但是有一个要求，就是在他说话时，如果杰克故意打断，每打断一次就要扣掉5美元。杰克很爽快地答应了。

“很好，那我们马上就开始……”资深人士告诉他，今后不论听到任何有关污蔑自己的言论，都不要动怒。杰克毫无压力地表示自己能做到。

“哦，那很好。不动怒，是我成功经验里的第一条，也是最重要的一条。但是现在，坦白说，我个人不是很看好像你这样一个没有道德的流氓来当选……”

“什么？先生，您不能这样……”杰克打断了资深人士的话。“请付5美元。”资深人士向杰克伸出了手。

“噢！天！这只是一个教训，对不对?”杰克辩解道。“是的，没错，这是一个教训，然而，这事实上也是我个人的看法……”这位资深的前辈轻蔑地说。

“您为什么要这么说……”杰克似乎要发怒了。“请付5美元。”资深人士又说。

“啊！噢！”杰克气急败坏地说道，“您的这10美元挣得也太容易

了，这又是一个教训。”

“当然，你是不是应该先把这10美元付给我，然后再继续进行交谈呢？我也不想这样，可大家都觉得你是一个不讲信用和喜欢赖账的人……”杰克听后几乎暴跳如雷，又插了几句话才意识到，这又是一个陷阱。

“很好，之前我说的那些话并不是出自于我的本意，现在我收回。我觉得你是一个让人尊敬的人，因为考虑到你卑贱的家庭出身，毕竟你的父亲是那样一个声名狼藉的人，做过许多坏事……”一听这话，杰克气得跳了起来：“你才是个声名狼藉的恶棍！”为此，又被倒扣了5美元。

资深人士告诉他，每发一次火，或者每当因自己受到侮辱而生气的时候，他就会因此至少失去一张选票。可是对于杰克来说，选票远远比银行的钞票要值钱得多。在这次谈话中，杰克学会了自我克制，但是他为此付出了高昂的学费。

故事解析

杰克花了很多个5美元上了这样深刻的一堂课，学会了如何去面对外界环境的干扰，以及怎样摆脱愤怒的情绪。如果没经历过这一课，他可能会为此付出更大的代价，失去选票而落选。生活中，我们没有机会天天得到别人的教导，因此，我们更需要注意，不要为生气而做出太大的牺牲，一定要学会控制自己的情绪。

很多时候，你也会遇见这样的人，他们故意激怒你，让你暴跳如雷，目的就是要看到你生气时气急败坏的样子，并以这种丑态作为乐趣。

面对这样的情况，你更加没有生气的必要。是个精明的人，一定不会让他们得逞。别人越是想激怒你，你就越要离愤怒的圈套远一些，让正躲在角落里等着看你出丑的人失望而归。否则，当别人知道你跳进了他的陷阱之后，只会给你贴上“笨蛋”的标签。

更多时候，那些让你生气的人，并不想真的去激怒你，但你却因此而生气，这样听起来更加可笑。对方对于你的生气根本就不知情，你却为此大发雷霆，你所有的愤怒都只是自编自演的一场独角戏。

生气，可能会帮你浇灭盛怒的火焰，宣泄心头的不满，但是，绝不可能使你在别人的心中留下好的印象，风度是从来不会和生气为伍的。因此，学会尽量去控制自己的情绪，别成为生气的奴隶，受情绪的摆布，是保持风度的不二秘诀。

故事穿越

苏珊连续忙了好几个月，非常疲惫。恰逢某个周末可以休息，苏珊仿佛解脱了一般。

早上起床时，她本想给自己的闺蜜罗斯打个电话问候一下，可她两个调皮的孩子总是在身边不停地跑来跑去，要么拽着她的衣角，要么问她一些问题，把她弄得心烦意乱。最后，烦躁不堪的苏珊终于忍不住向孩子大喊了一声，然后粗暴地挂上电话，抓过孩子们就是一阵打骂。孩子们不知道自己做错了什么，只好在那儿委屈地抽泣。

苏珊的大好心情就这样被破坏了，早上那件事一直影响着她，以至于后来倒牛奶时，一不小心烫到了自己。她心里不断地嘀咕："都怪这两个淘气的孩子。"

洗碗的时候她更是心不在焉，不慎打碎了一只杯子。虽然不值几个钱，但苏珊十分恼火，认为这一切不顺心都是两个孩子的吵闹导致的。她的心情简直糟透了。

问题事件远并没有就此停止，就在苏珊洗衣服的时候，发现她心爱的毛衫上面那颗漂亮的扣子居然出现了一道裂痕，她简直要崩溃了。

就这样，她几乎一整天都没有什么好心情，带着火气擦地、整理衣物，还时不时教训着两个孩子。她的周末时光在各种不顺心中过去了一天。

晚上丈夫下班回家，苏珊依旧没有说话的心情，给闺蜜罗斯打了个电话就摔门而去，致使刚回家的丈夫也被她奇怪的举动搞得一头雾水。

苏珊见到罗斯，就打开了话匣子，嘴里全都是对这一天的抱怨。她不断重复着那句："都是这两个捣蛋鬼，弄得我心情一整天都非常糟糕。"罗斯微笑着说："孩子们有什么错呢？不高兴也都是你自己造成的啊，更何况，你在乎的都是多么微不足道的小事啊，何必搞得自己那么不开心呢？"

听完闺蜜的劝说，苏珊渐渐想过来了。孩子们还小，缠着大人是常事，自己今天的表现为何如此糟糕，实在是不值得。

故事微语

生活，就是由许许多多的小事情组成的，根本就不存在那么多值得斤斤计较的烦心事，往往是人们自己将一件本来无足轻重的小事一而再、再而三地肆意放大，然后为自己套上了精神枷锁。

这样，不但将自己弄得疲惫不堪，还会影响到身边人的情绪。长此以往，你会发现，令你生气的事情变得越来越多，而你的朋友却越来越少。

生活，应该是美好快乐的，令我们感到痛苦或者失望的，只不过是生活中的一小部分境遇而已。就像一条奔腾而去的河流，它奔流不息，偶尔遇上激流和浪花，我们就认为它不是祥和宁静的了吗？只要有一双发现美的眼睛，美就会无处不在。

心灵箴言

宽容要么对人有益，要么对人有害。

——伯克

尽量宽恕别人，而决不要原谅自己。

——[巴西] 西拉斯

事不三思终有悔，人能百忍自无忧。

——冯梦龙

人本该是有良心的，就连最残酷的心也会有宽恕他人的短暂、美好的记忆。

——[捷克] 塞弗尔特

接纳他人，散发独特的人格魅力

故事话题

纽约《太阳时报》的主笔丹诺先生在读稿件时，常常习惯把自己认为重要的部分，用红笔标出来，用来提醒排校人员，不要遗漏这一部分内容。之后的某一天，发生了一件有趣的事情：

一位年轻校对员在审稿时偶然发现一段文字，也是被人用红笔勾出的，大意是说：“本报读者雷维特先生送给我们一个很奇特的大红苹果，在那上面露出一排白色的文字。仔细一看，原来是我们主笔的名字，这真是一个人工栽培的奇迹。试想，一个完好无损的苹果皮上，是怎么出现这些整齐光泽的字迹的？经过多方猜测，我们也没有搞明白创造神奇的源头在哪里。”

年轻校对员懂得很多生活常识，读了这段文字，他不禁好笑起来。因为他知道，只要趁苹果还呈青色时，用纸剪成字形贴在上面，等苹果发育成熟变成红色时，撤掉那层纸，就会出现这些字，根本谈不上神奇，充其

量算是小朋友们的恶作剧罢了。

这位年轻的校对员心想，如果登出来这样一段文字给大众读者去看，一定不知道要被多少人嘲笑了，说他们的主笔竟然如此的愚笨，连这样一点小“魔术”也会“多方猜测，始终不明……”最终，他大胆地将这段文字删掉了。

次日早上，主笔丹诺先生看完报纸，立刻气呼呼地找到年轻校对员问：“昨天原稿中我用红笔标记的那篇‘奇异苹果’为何没有登出？”

校对员诚惶诚恐地道明缘由之后，丹诺先生立刻会意了，他诚挚和蔼地说：“原来如此。年轻人，你做得对，刚才是我鲁莽。以后但凡是有确凿的证据跟理由，就算是我已经用红笔标记了的内容，你也可以自行取舍。”

故事解析

上述故事中的丹诺先生并不是那种固执己见的人，他能够欣然接受他人正确的建议，可见他是一个心胸宽阔的大度之人。

人类拥有上千年浩瀚的文明历史，一个人能够掌握的知识，只是这博大精深当中的一粒尘埃，只是这历史长河中的一滴水，微不足道。即便我们再怎么努力，也无法掌握它的万分之一。所以，我们任何一个人，都无权因为自己的学识而骄傲自满、自以为是。只有保持谦虚上进的心态去不

断地学习，不断地认知，我们才可以把自己的知识储备渐渐扩大。

所以，不论自己身处的位置有多高，不论别人给自己戴多少顶高帽子，我们永远都要记得：虚心向比自己强的人请教。

子曰：“三人行，必有我师焉。择其善者而从之，其不善者而改之。”所以，我们需要清楚的一点就是，我们所知道的远远不够多，任何一个萍水相逢的人，都可以是我们的老师，教会我们所不熟知的东西。

就算是对于我们比较擅长的领域，我们也应该保持谦虚，而不是矫揉造作。以此来炫耀自己，只能显得自己自大。盲目自信的话，总会招致轻视的。展示自己的时候，也要以谦虚的态度流露，以免流于粗俗。

不妨在赢得一次辉煌的成就之后，再进行下一次展示；获得热烈的掌声之后，再期待更大的成功。这样才会获得他人的尊重。

故事穿越

一个穷人在集市上卖乳酪。这时，跑来一只小花猫。它趁穷人不注意，叼起一片乳酪就跑了。这一系列举动被另外一只黑猫瞄到了，黑猫心生妒忌，就想去把小花猫偷来的乳酪抢走。小花猫当然不会乐意将手上的美味拱手相让，于是，两只猫厮打起来，展开了一场激战。小花猫又叫又咬，黑猫又抓又挠，几个回合下来它们都没有分出胜负。

这时候，一只狐狸刚巧路过，于是小花猫建议让狐狸来做裁判，黑猫表示同意。它们叫住了狐狸，说明了争执的来龙去脉，并邀请它为它们俩做出合理的裁决。狐狸看到那片乳酪，摆出一副十分明智的样子，答应了两只猫咪的请求。

“你们这两个愚蠢的家伙啊!”狐狸大声呵斥道，“依我看根本没有打架的必要，你们两个都想吃到乳酪，直接把它切成两块不就大家都有份了吗?”见两只猫咪没有异议，狐狸便拿出刀子，将乳酪随意切了一刀，分成两份，一块给了小花猫，一块给了黑猫。

黑猫见小花猫的那块比自己的大，于是不乐意了，跟狐狸抗议。狐狸在花猫的那块乳酪上咬了一口，说：“现在一样了吧?”

这时小花猫又不乐意了，说“快看看哪，我的这块又小了。”

狐狸戴上眼镜，说：“你说的没错。”于是又在黑猫的那块乳酪上咬了一口。几次来回之后，乳酪被狡猾的狐狸咬得只剩下很小的一块，一大片的乳酪就这样几乎都进了狐狸的嘴巴里。

故事微语

妒忌他人的人是可笑的，他们不能容忍别人过得比自己好，比自己占有的东西多，他们会用各种卑劣的手段去破坏别人的幸福。其实，到最后，他们会发现，他们摧毁的不是别人的幸福，而是自己的生活。

妒忌，是一种通过损害他人利益来突出自己的表现。这一类人，在任何时候，首先考虑的，都是自己的成败得失，最终，往往都会给自己带来一系列的不良后果。所以，如果自己身上出现了妒忌他人的苗头，就应该及时进行自我约束，摆正自己的态度，多一些宽容之心，少一些丑恶的心态。

著名诗人艾青曾说过这样一句话："心灵上的肿瘤，你要不警惕，不痛下决心把它割掉，它就会像锈蚀铁那样，以自身的气质腐蚀自己。"要知道，天底下是不会掉馅儿饼的，没有人会因为你心生妒忌而将自己拥有的一切毫无条件地让给你。而且，妒忌的情绪状态，还会让你越来越痛苦，因为你总是在意对方的累累硕果，以及自己的不幸遭遇，这种比对，只会让你感到命运不公。如果将妒忌转化为对别人的欣赏跟鞭策自己的动力，那么，你就会得到属于自己的幸福。

心灵箴言

能容小人，方成君子。

——冯梦龙

遇方便时行方便，得饶人处且饶人。

——吴承恩

能下人，故其心虚；其心虚，故所广取；所广取，故其人愈高。

——李贽说

放大镜看人优点，缩微镜看人缺点

故事话题

蔡元培先生，是一个拥有宽大胸襟的人。他在担任北大校长时，曾出现过两个“另类”的教授。先说第一个，“持复辟论者”和“主张一夫多妻制”的辜鸿铭。

辜鸿铭当时应蔡元培先生的邀请，来讲授英国文学。辜鸿铭的学问宽广而又庞杂，但他留给学生们的印象却不是很好。比如，他上课时，会带一个童仆为他装烟、倒茶，他自己悠哉悠哉地不是抽烟就是喝茶，全然不顾及焦急等着上课的学生们。“摆架子，玩臭格”成了当时一些北大学生对辜鸿铭的评价。

很快地，就有人向蔡元培反映起这件事。但奇怪的是，蔡元培并不生气。他对前来反映情况的人解释说：“辜鸿铭是个不可多得的人才，他通晓中西学问和多种外国语言。虽然在上课时，他展现的陋习影响很不好，但他不会给自己的教授工作带来实质性的损害。所以，我们不妨宽容一下他在个人生活中的这些习惯。”

事实证明，蔡元培校长是正确的。经过一段时间后，再也没见有人去告辜鸿铭的状，因为他的课堂上总会挤满北大的学子。很多学生为他渊博的知识、学贯中西的见解而折服。辜鸿铭讲课从来都是不拘一格，他那种天马行空的教学方式，深受学生们的欢迎。

另一个“奇人”，则是受蔡元培先生的聘请，来教《中国古代文学》的刘师培。根据冯友兰、周作人等人的回忆，刘师培是一个非常有风格的人。他在给学生上课时，“既不带书，也不带卡片，随便谈起来”，且他的“字写得实在可怕，几乎像小孩描红一样，而且不讲笔顺”，“所以简直不成字样”……这种情况同样被学生跟老师们反映到蔡元培那里。可蔡元培却微微一笑，说：“刘师培讲课带不带书都一样啊，书都在他脑袋里装着，至于写字不好也没什么大碍啊。”

后来，学生们发现刘师培在讲课时，字字句句都说得头头是道，援引资料，都是随口背诵，而且文章没有做不好的。

故事解析

通过分析蔡元培对待辜鸿铭和刘师培两位教授的态度跟处理方式，我们能够看到蔡元培量用人才的胸怀是何等的求实、豁达而又准确。他十分尊重学生跟教职员工的个性，并让其发挥到了一个极其高明的境界。

蔡元培非常善于抓住主要矛盾和解决问题的关键，把尊重人才个性选择，与用人所长理智地结合起来，从而迅速壮大北大的实力，实现改革北大的办学理想。他还曾精辟地说过这样一段话："对于教员，以学诣为主。在校讲授，以无悖于第一种之主张(循思想自由原则，取兼容并包主义)为界限。其在校外之言动，悉听自由，本校从不过问，亦不能代负责任。夫人才至为难得，若求全责备，则学校殆难成立。"正是这种博大的胸襟，使得他发现了那么多真正的人才，并培养出了那么多优秀的学生。

在现实生活中，我们应该学会包容他人的缺点跟过错，培养自己宽大的胸襟。学会"容人之长"，就是取人之长，补己之短，这样才能促进学习，共同进步；学会"容人之短"，就是承认人无完人，包括自己。人的短处是客观存在的，容不得别人的短处，你就结交不到知心朋友，就会成为"孤家寡人"；学会"容人之过"，就是要明白"人非圣贤，孰能无过"，历史上功成名就的伟人，无一不是有宽大胸襟，能容忍所不能容的。

故事穿越

美国著名的成功学家戴尔·卡耐基在小的时候，可是个出了名的坏孩子。一次，他偷偷向邻居家的窗户那里扔石头，弄了个鸡飞狗跳。还有一次，他把死兔子放在桶里，拿去学校放进火炉里烧烤，弄得臭气熏天。

卡耐基9岁那年，他的父亲还给他娶回来一位继母，还跟他继母说："亲爱的，你要注意那个孩子，他是大家公认的全天下最烦人的孩子，离他远一点，不然，他会向你扔石头的。"

继母不相信，便好奇地走向卡耐基。当她对这个小家伙有了一定了解之后，便跟卡耐基的父亲说："亲爱的，其实你们都错了，他并不是全天下最坏最烦人的孩子，而是我见过的最聪明的孩子，只是他还没找到施展自己才华的机会跟平台罢了。"

继母非常欣赏戴尔·卡耐基的聪明才智，在她的引导下，卡耐基的聪明得到了很好的发挥。最后，卡耐基取得了令所有人都意想不到的辉煌成就。

故事微语

从戴尔·卡耐基的亲身经历中，我们不难看出，每个人都有自己的闪光点跟优势，别人都没有注意到，唯有他的继母赏识他。而正是由于继母的欣赏，才改变了他的一生。

是金子都会发光，故事所告诉我们的道理，就是不论一个人的外在性格是不是容易被人接受的，不论他身上存在哪些缺点，他的才华都不可能被磨灭。只要此时此刻有人愿意主动去接近他，发掘他的优点，金子就一定会在出土的一瞬间，绽放光芒。

著名的心理学家威廉·詹姆斯说过："人性最深层的需要，就是渴望被别人欣赏。"所以，在跟人的交往中，我们要学着欣赏、赞美他人。懂得欣赏别人的长处，能够使我们简单有效地跟他人进行交流沟通，缩短彼此之间的距离感。这就好比我们向他人的心灵播撒着阳光的种子一样，每个人都渴望被社会认可，被他人支持，这就是人类本身。如果我们能诚挚地满足别人的这种心理需求，那么，就会给他带来希望。

生活中，只有那些内心简单而澄澈的人，才会时刻抱着一种欣赏的眼光去看待这个同样简单纯净的世界，这样，他们对于别人的赞美，才是发自内心的、真诚质朴的。由此给对方带来的温润，也将是脉脉滋养的。

心灵箴言

缺点并非全然是缺点，只要它不憎恨美德。

——[法] 尚福尔

和以处众，宽以待下，恕以待人，君子人也。

——林逋

我的生活经验使我深信，没有缺点的人往往优点也很少

——[美] 林肯

人们应该彼此容忍：每一个人都有弱点，在他最薄弱的方面，每一个人都能被切割捣碎。

——[英] 约翰·济慈

用尊重的心灵去感悟别人的行为

故事话题

某天，一个中年女子领着儿子走进了美国著名企业“巨象集团”总部大厦楼下的花园。中年女子找了一张长椅，坐下来。她不停地在跟男孩说着什么，一副非常气愤的样子。不远处，刚好有一位头发花白的老人正在修剪灌木。

女子说着说着，忽然从包里拉出一团白花花的卫生纸，甩手扔到老人刚修剪过的灌木上面。老人诧异地扭过头去看了中年女子一眼，但中年女子却满不在乎，轻蔑地看着老人。老人什么话也没有说，径直走过去，拿起那团卫生纸扔进了一旁装垃圾的筐子里。

没过一会儿，中年女子又拉出一团卫生纸扔了过去。老人依旧什么都不说，再次走过去把那团卫生纸拾起来扔进了筐子里，然后回到原处继续工作。

一会儿，老人刚拿起剪刀准备继续工作，中年女子又将第三团卫生纸扔在了他眼前的灌木上……就这样，老人来来回回一连捡了那中年女子扔过来的六七团纸，但他始终没有流露出不满和厌烦的神情。

“你看见了吧！”中年女子指了指修剪灌木的老人对身边的男孩大声说道，“我做这件事是要让你明白，如果你现在不好好上学，将来就会跟他一样没出息，低声下气做这种卑微低贱的工作！”

老人听了中年女子的论调，就放下剪刀走了过去，并依旧和颜悦色地对中年女子说：“夫人，这里是集团的私家花园，按规定只有集团员工才能进来。”中年女子不以为然，掏出证件在老人眼前晃了晃，她是“巨象集团”所属的一家公司的部门经理，就在这座大厦里工作。

“我能借用一下你的手机吗？”老人沉默了一会儿说。

中年女子极不情愿地把手机递给老人，又回头教育男孩用功学习，不然将来也会跟这个穷老头一样，混了一辈子都买不起手机。

很快地，老人打完电话把手机还给了妇人。不一会儿，就有一名男子匆匆赶来，恭恭敬敬给老人打了招呼。老人对他说：“我现在提议，免去这位女士在‘巨象集团’的职务。”男子想都没想，就说：“是，我立刻按您的指示去办！”

吩咐完，老人走向男孩，伸手抚摸男孩的头发，说：“我这么做是希望你明白，人最重要的品质是懂得尊重他人。”

事后，中年女子才得知，刚刚那位老人是集团总裁詹姆斯先生。

故事解析

根据马斯洛的需求层次理论分析，被尊重、以及自我实现的需求，是人最高层次的需求。人们无一例外都有一种“身份”的意识，都希望得到他人的认可和尊重。在我们中国，照顾他人面子，也是为人处世的老传统。只有尊重他人，才能赢得他人的尊重，别人才会跟你交朋友、做生意。

故事中的这个中年女子，依仗自己现有的身份来欺侮表面上身份不如她的老人，还用此教育自己的儿子，结果反被辞退，失去了体面的工作。这正是因为她根本不懂得尊重他人。最后，老人将真理告诉了男孩，希望他明白，想得到他人尊重，必先懂得尊重他人。

如果一个有成就的人，依然能够放低自己的姿态，把自己置身于与其他人平等的氛围中，谦卑、礼貌地对待别人，那么，他就会多一份收服人心的资本，就可能为自己的事业招揽到更多优秀的人才，还会赢得尊重。

故事穿越

有位猎人上山打猎，去了半天也没有收获一只猎物。他备下的食物跟水都是有限的，连续走了几个小时之后，身上带着的水已经全部喝完了。

他越来越口渴，却怎么都找不到水源。后来，当他走到一个山谷时，看到有水滴从上面滴落下来。于是连忙从皮袋里取出杯子，耐着性子一滴一滴地接着水。等水接到了七八分满，猎人就要一饮而尽。而此时，一股急风把杯子掀翻在地，是猎人的爱鹰干的。

猎人心急怒起，抬头一看，自己的爱鹰在上空盘旋，虽然有些生气，但也有些无可奈何。他只好重新拾起杯子，继续接水。当水滴到七八分满时，爱鹰又把水弄翻了，这让猎人愤怒到了极点。就在他又一次把水接到七八分满时，悄悄取出了一把利刀，夹在掌心。当老鹰又一次向他飞来时，他迅速拿出利刀，杀死了老鹰。

由于他的注意力都集中在杀死老鹰这件事上，忽略了手中的杯子，所以，这杯水又喝不成了。他心想，既然水是从山上滴下来的，就说明源头在山上，那里应该有更多的水。于是，他忍着口渴，用尽力气往山上爬。

终于，他爬到了山顶，而且真的看到了一个蓄水的池塘。他高兴坏了，立马弯下身子，想来个痛饮。可他刚要喝，突然发现池塘边有一条大毒蛇的尸体。这时他才缓过神儿来，原来，爱鹰几次打翻水杯，是担心主人喝下受蛇毒污染的池水而被毒死，而偏偏被主人误会了，还白白丢了一条性命。

猎人非常后悔，自责自己当时没有尊重爱鹰的作为，没有思考它为什么一而再再而三地阻止自己。他发誓，以后绝不在生气时做决定。

故事微语

怒气，就像一颗定时炸弹，时刻在伤害着人们。人在生气时，极有可能丧失理智，所以在这时做出的任何决定，都有可能会造成一些负面影响，从而给自己造成损失。

故事中的猎人，如果当时能够多一点耐心和理解，少一点怒气和冲动，他就不会用利刀杀死那只救了自己性命的老鹰。可惜，生命只有一次，去了就不会再回来。

冲动，是理智的迷失，是为人处世的大忌。在我们的一生当中，个人利益难免不会遭到他人有意识或无意识的侵犯，但很多侵犯，都是基于别人为我们好的前提之上。

比如，某件事情在我们看来，是一种不可多得的机会，但在知情人眼里，那或许是一种冒险。这个时候对我们加以阻止，并不是坏我们好事，而是真心希望我们三思而后行。如果我们抑制不住冲动和鲁莽，动不动就发怒、大动干戈，从不用尊重的心态去感悟别人的作为，那么我们就很有可能生活在无尽的烦恼和悔恨之中。

所以，在日常生活中，我们一定要尽可能的不去生气，学会自警自戒，好好爱护自己。同时，也尊重一下别人，不要在生气时做决定，让人生之路少一些遗憾。

心灵箴言

尊重别人，才能让人尊敬。

——[法] 笛卡尔

宽容意味着尊重别人的无论哪种可能有的信念。

——[美] 爱因斯坦

尊重生命、尊重他人、也尊重自己的生命，是生命进程中的伴随物，也是心理健康的一个条件。

——[美] 弗洛姆

一种虽然拙劣的辩词或平凡的观察，如果这样提出来，前面加几句尊重别人的意见的话，他便可以得到更多的荣誉和重视。

——佚名

一种天性的粗暴，使得一个人对别人没有礼貌，因而不知道尊重别人的倾向、气性或地位。这是一个村鄙野夫的真实标志，他毫不注意什么事情可以使得相处的人温和，使他尊敬别人，和别人合得来。

——[英] 洛克

信任朋友，诠释世间最真的支持

故事话题

在一个小镇上，住着一个出了名的地痞，整天游手好闲，寻恤滋事，谁见了他都要退避三舍，唯恐躲避不及。

一天，他醉酒后失手打伤了前来上门讨债的债主，后来被逮捕入狱，还判了几年刑期。入狱后，那个地痞幡然悔悟，对以往的言行感到十分懊悔。从那以后，他悔过自新，积极表现，一次，他还成功地协助监狱管理人员制止了犯人的集体越狱出逃的恶性事件，获得了减刑的机会。

几年后，他从监狱中出来了，回到小镇上开始了自己新的生活。他已经不是当年那个游手好闲，爱惹是生非的地痞流氓了，他要做一个好人，踏踏实实过日子。

一个人可以痛改前非，但他的犯罪记录却一辈子都抹不掉。正因他坐过牢，所以找工作时处处碰壁，跑遍了很多地方，就是没有人敢录用他。

后来，食不果腹的他又来到亲朋好友家借钱，可是那些人没有一个愿意相信他，而他那刚刚找到一丝希望的心，就在这时，又开始渐渐滑向了失望的边缘。

天无绝人之路，就在他一点点丧失信心的时候，少年时代的一位朋友取出了 1000 元送给他。他在接到这笔钱的时候，没有表现得格外激动，而是将感恩放在心里，平静地看了一眼昔日的伙伴之后，彻底消失在了这个小镇上。

光阴似苒，斗转星移，转眼间就过去了许多年。当年的小地痞，而今俨然成了一个意气风发的成功人士。他当年拿着朋友给的 1000 元去外地打拼，忍气吞声，不辞辛苦，现在终于成了一个腰缠万贯的富翁，衣锦还乡。他不仅还清了亲朋好友的旧账，还领回来一个漂亮的妻子。

后来，他去了那个昔日的朋友家，恭恭敬敬地捧上了 2000 元，然后，流着泪说道：“谢谢你！你是我真正的朋友，是你的信任给了我站起来的勇气。”

故事解析

信任，能在人跟人之间，产生一种美好的境界。信任，是一种最好的支持，是对人性的肯定，它对人的帮助，在于心理上道义的重建，其意义远远超过金钱的救济。

朋友之间相处，很多伤害往往并非存心的，而他们对自己的鼎力相助却是真心的。真正的友情，是经得起狂风暴雨的打击的，是经得起时间的考验的，所以，我们不应该在朋友偶尔迷失自己，犯下错误，或者在他们对自己态度一时冷淡的时候，终止对朋友的信任。倘若遇到问题都能够宽容相待，你的朋友一定会以更大的忠诚回报你。

故事穿越

有这样一个老故事：相传很久以前，两个小伙伴一起在沙漠中旅行。在旅途中，他们因为某件事争吵了起来，其中一个还给了另外一个一记响亮的耳光。

被打的那个人内心觉得这是个屈辱，他一言不发，在沙子上默默写下一句话：今天我的好朋友打了我一巴掌。之后，他们就继续前行。

后来他们走到了沃野，决定停下。被扇耳光的那个人在一次意外当中不慎落水，险些淹死在里面，万幸的是被他的朋友救了出来。

被救上岸之后，被扇过耳光的那个人又拿起了那把小剑，在石头上刻了这样一句话：今天我的好朋友救了我一命。

一旁昔日里打过他的朋友非常好奇地问他：“为什么我打你的时候，你要写在沙子上，而在我救了你的时候，你却要刻在石头上呢？”

听完问话他笑了，回答说：“因为我觉得，在自己被一个朋友伤害时，要把心情写在易忘的地方，风会负责去抹平它；相反，如果我被朋友帮助了，那我就要把它刻在心灵的深处，在那里，任何风或浪都不能将它抹去。”

故事微语

古人云：“水至清则无鱼，人至察则无徒。”假如一个人太过追求完美，要求与自己交往的人都像天使一样纯洁善良，那么，他就只能跟上帝一起生活了。

有句话说得好，人无完人，孰能无过？过而能改，善莫大焉。或许很多时候，朋友对我们的伤害，只是无意间造成的，不是他们故意而为之。朋友间如果有了裂痕，就需要用宽容来修补。

信任，就像是一双伸向失望的手，只要一个小小的举动，就能改变一个人的一生。不要因偶尔的过错就失去对朋友的信任，容人小过，不念旧恶，说不定这个人会成为你很好的朋友。

心灵箴言

人与人之间最高的信任，无过于言听计从的信任。

——[英]）培根

怀疑一切与信任一切是同样的错误，能得乎其中方为正道。

——[英] 杰弗雷·乔叟

信任是友谊的重要空气，这种空气减少多少，友谊也会相应消失多少。

——[英] 约瑟夫·鲁德亚德·吉卜林

对人的热情，对人的信任，形像点说，是爱抚、温存的翅膀赖以飞翔的空气。

——[苏联] 苏霍姆林斯基

宽恕可以交友，当你能以豁达光明的心地去宽恕别人的错误时，你的朋友自然就多了。

——罗兰

第四篇

退一步，是为了更好地进步

“退步原来是向前”。退步，就是谦让，就是不争，就是必要的妥协，可那结果，就像我们低着头退步插秧一样，看着水中蓝蓝的青天，而一步一步地却是向前迈进。生活，就是这般地充满辩证法，你谦让，你不争，你妥协，你得到的却是获得，却是满足，却是快乐，却是向前。

赠人玫瑰，留下的是永恒的香气

故事话题

克洛里是纽约泰勒木材公司的一名推销员。工作多年来，他总是尖酸刻薄地指责那些大发脾气的木材检验人员的过失，每次他都能“打”赢对方，可是事后又能得到什么呢？事实证明什么也没有得到，因为那些检验人员和“棒球裁判”一样抠门，一旦做出判决，就绝对不会去更改了。

克洛里虽然每次都在口舌上取胜，但他这种冲动只会给公司造成数以千万计金钱的重大损失。意识到这一点后，他下定决心，一定要改掉这个习惯，不再抬杠了。他说：“有一天早上，我办公室的电话响了。接听后，一位愤怒的主顾在电话的另一头向我抱怨说，我们运过去的一车木材完全不符合他们的要求，在木材卸下25%后，木材检验员在报告中指出其中55%的木材是不合格的。在这种情况下，公司是拒绝接受的。除此之外，对方还说他们公司已经下令停止卸货，叫我们把那一车木材立即运回去。

“到了工厂，我见购料主任和检验员正闷闷不乐，一副等着打嘴仗的姿态。经过了解，我才明白，他们的检查太过严苛，而且把检验规格也搞错了，那批木材是白松。虽然检验员对硬木比较了解，但检验白松却还不够老练，起码没我知道得多。

“我没有指责检验员，而是继续观察。慢慢地，开始问他某些木料为什么会不合格。我丝毫没有暗示他检查错了的事，而是以一种非常友好而合作的语气，虚心向他请教，并且坚持把他们不满意的部分挑出来，希望今后送货时，能满足他们公司的要求。

“结果，在我走之后，他把卸下的木料又重新检验了一遍，全部接受了，于是我们收到了一张全额支票。他们最终还是明白了，他们错在没有指明他们所需要的是什么等级的木材。就这件事来说，讲究一点技巧，尽可能去控制自己对别人的指责，尊重别人的意见，就可以使我们的公司减少损失。而我们所收获的，则是非金钱所能衡量的。”

故事解析

任何能够解决的问题，都不能算是问题。解决问题的办法通常都是很简单的，只要我们能确保自己少一点抱怨，多一分尊重，事情就变得迎刃而解了。

这里的尊重，并不是一种谄媚，而是理解与包容，是一种相对高明的解决方法，是一种自尊自爱的表现。因为只有我们尊重别人了，别人才会尊重我们，才会觉得我们有解决问题的诚意，愿意跟我们商谈合作。

面对别人的批评指责，我们态度诚恳地虚心接受；面对别人的过错，我们不妨多一些理解与宽容；面对别人的质疑，我们不妨热情地伸出我们的双手来打消别人的顾虑。

“以铜为镜可以正衣冠，以古为镜可以见兴衰，以人为镜可以知得失。”对我们而言，别人都可以视为一面镜子，在尊重他人的言行里，我们可以照出自己的人格，也能够照出自己的锦绣前程。

故事穿越

娄师德在做兵部尚书的时候，有一次巡视并州。进入并州境内，邻近的县令都来迎接他，并且随他一路前行。到了驿站，已经接近正午，于是他们就坐在一起吃午饭。这时，娄师德发现自己吃的是白米，而其他人吃的都是黑米。他觉得不对，便急忙把驿长叫了过来，并用责备的口气说：“你为什么用两种米招待我们？”

驿长诚惶诚恐地回答道：“一时弄不到那么多细米。所以……”娄师德并没有继续责怪驿长，只是语重心长地说，“客人是不应该分成等级的”。随后，自己也要求同大家一样，吃黑米。

娄师德的弟弟是代州刺史，临行之前，娄师德问弟弟说：“我辅助宰相，你现在又管理一个州，受皇上的宠幸太多了，必定受人妒忌。你打算怎样看待这些妒忌，用什么方法为自己免除灾祸呢？”

弟弟跪下说：“从今往后，就算有人冲我脸上吐唾沫，我也绝不打击报复，请兄长放心。”

娄师德说：“这正是我所担忧的。别人唾弃你，是对你有怨言，你将吐沫擦掉，是表示你对他们的怨言不满，有意违背他们的意愿，这样只会增加民众对你的愤怒。你要让它自己干了，笑着去接受它。”

听了哥哥的教诲，弟弟会心一笑。而这个“唾沫面干”的故事也流传至今。

故事微语

娄师德在朝廷任重臣几十载，从未有过帮派之争，也未有大起大落的经历，始终受到众人的推崇，这与他稳重的做人规范是有很大关系的。他的做人原则就是：别人如何待自己，那是别人的事情，自己要想明白其中缘由，看到自己身上的不足。与此同时，将温暖的双手伸向曾经冒犯自己的人，赠人以玫瑰，这样，他便会为自己减少许多怨恨跟不满，既保护了自己，又展现了一种智者的风度。

放眼当今，在现实生活中，有很多人都是完美主义者，他们总是希望身边的人都是完美无瑕，从不犯错的，因此，只要别人稍一出错，或者做事方法不合他们的意，他们就会在心中完全否定那个人，之前塑造的“完美的形象”，也会瞬间崩塌。

理想跟现实之间，总会有一定的差距。做人要有博大的胸怀，面对尘世中的纷纷扰扰、是是非非，要向“开口便笑，笑天下可笑之人。大肚能容，容天下难容之事”的弥勒佛学习。感激生活，并且在自己能力范围之内，将自己的阳光洒向周边，影响一些人。这样，你就会发现，唯有对世事时时心平气和、宽容大度，才能处处契机应缘、和谐圆满。

心灵箴言

君子贵人贱己，先人而后己。

——《礼记·访记》

最好的满足就是给别人以满足。

——[法] 拉布吕耶尔

人家帮我，永志不忘；我帮人家，莫记心上。

——华罗庚

世界上能为别人减轻负担的都不是庸庸碌碌之徒。

——[英] 查尔斯·狄更斯

你要记住，永远要愉快地多给别人，少从别人那里拿取。

——[苏联] 高尔基

延伸自己，学会为自己打开一扇窗

故事话题

唐朝时，有一位德山大师。他精研律藏，并且通达诸经，其中尤以讲《金刚般若波罗蜜经》最为得意。因俗姓周，故得了个“周金刚”的美称。

当时，南方十分盛行禅宗，德山大师就很不以为然地说：“出家沙门，千劫学佛的威仪，万劫学佛的细行，都不一定能学成佛道，南方这些禅宗的魔子魔孙，竟敢诳说：‘直指人心，见性成佛。’我一定要直捣他们的巢窟，灭掉这些孽种，来报答佛恩。”于是，德山大师便挑着自己的《青龙疏钞》，离开了四川，奔向了湖南的澧阳。

一日途中，他突然觉得肚子很饿，见前方有一家茶店，店里有位老婆婆正在卖烧饼，德山大师就到店里要买个饼充饥。老婆婆见德山大师挑着那一大担东西，便好奇地问他，“那么大的担子里面究竟装了些什么。”德山大师告诉老婆婆是《青龙疏钞》。老婆婆接着问《青龙疏钞》是什么，德山大师解释说，这是他为《金刚般若波罗蜜经》作的批注。说着，德山大师对自己的著作，表现出了一副很得意的神情。老婆婆很惊讶，说他一定对《金刚般若波罗蜜经》很有研究。对此，他也毫不谦虚地默认了。

随后，老婆婆又说：“我有一个问题，您若答得上来，我就供养您点

心；若答不上来，对不起，请您赶快离开这里吧。”

德山大师心中窃喜，讲解《金刚般若波罗蜜经》本就是自己最擅长的，一位老婆婆岂能难得倒自己。于是，他毫不在意地点头答应了。

老婆婆随即奉上了饼，说道：“在《金刚般若波罗蜜经》中说：‘过去心不可得，现在心不可得，未来心不可得。’如果让你选，你会选哪一颗心？”

德山大师经老婆婆这一问，呆立半晌，竟一句话也回答不上来。他心中又惭愧又懊恼，只好挑起那一大担的《青龙疏钞》，怅然离去。

经历过这次的教训之后，德山大师再也不敢轻视禅门中的修行之人。后来去了龙潭，至诚参谒龙潭祖师，从此勇猛精进，最后大彻大悟。

故事解析

人间世事无常，凡事都应该多留些余地，多一些宽容，这是一条重要的做人准则。在你留有余地的同时，别人也会因此而受益匪浅。

对人，对己，都需要一定的余地。不要把任何人限定在一个固定的印象模式中，每个人都是可延展可完善的，人与人之间的关系，也是可以转化的。如：好朋友不要如影随形，如胶似漆，不妨保持一点距离；是冤家也不要把人说得一无是处；对崇拜的人不要说得完美无缺；对有错误的人不要以为一无是处；不要把自己看得像朵花，看别人都是豆腐渣；不要以为自己的判断绝对正确。

留一点余地，就等于留一扇窗户给自己。一幅画上必须留有空白，有了空白才虚实相间，错落有致；有余地才更加符合实际，才更加充满希望。

故事穿越

从前有个富翁，拥有三个儿子。随着年纪一天天变老，富翁终于决定把自己的财产全部留给三个儿子的其中一个。可是，究竟留给谁最合适呢？

最终，富翁想出了一个办法：他给三个儿子一年时间，让他们各自去世界各地旅行。一年后，待三个儿子回来，哪一个做过的事情最高尚，富翁就把家产留给谁。

时间过得很快，一年到头，三个儿子陆续都回到了家中。富翁要三个儿子都各自讲一讲自己的经历。大儿子得意地说："我在周游世界的时候，遇到一个陌生人。他十分信任我，把一袋金币交给我保管。可是那个人后来在一场意外中丧生了，我就把那袋金币原封不动地还给了他的家人。"

话毕，二儿子也站出来，十分自信地说："当我旅行到一个贫穷的村落时，碰到有个可怜的乞丐不慎落入湖中。我立即跳下马，从湖里把他救了上来，并留给他一笔钱。"

两个哥哥都讲完了彼此的经历。此时，三儿子却犹豫地说："我……我没有遇到两个哥哥碰到的那种事。在我旅行的时候遇到了一个人，他很想得到我的钱袋，于是一路上千方百计地害我，我差点死在他手上。之后

的一天，我经过悬崖边时，看到那个人正在悬崖边的一棵树下睡觉。当时，我只要一抬脚，就能神不知鬼不觉地把他踢下悬崖。但我想了想，觉得不能这么做。正打算走，又担心他一翻身掉下去，就叫醒了他，然后继续赶路了。这实在不能算是一次有意义的经历。”

富翁听完三个儿子的话，点了点头说道：“诚实、见义勇为是一个人应有的品质，称不上是高尚。但有机会报仇却放弃，反而帮助自己的仇人脱离危险的宽容之心才是最高尚的。我的全部财产都是三儿子的了。”

故事微语

宽容，是至善人性达到的一种境界，是人性之花历经沧桑之后，依然盛开的那份通透与恬然，是人生的一笔财富。活在仇恨里的人是最愚蠢的，他们不懂得退一步就能解放自己，而是选择憎恨别人。

当一个人的内心变得愤愤不平时，会希望记恨的人也遭到不幸和惩罚，可是这样的愿望往往不能实现。在失望夹带一阵烦躁之后，这一类人便失去了往日那种轻松的心境，和欢快的情绪，导致心理失衡；另一方面，在憎恨别人时，由于疏远别人，只看到别人的短处，而在言语上贬低别人，在行动上敌视别人，结果还会使你的人际关系也跟着越来越糟糕。这就好比我们自己给自己关上一扇门，将自己牢牢地锁在一个没有生机的牢笼里。

当我们憎恨别人时，会影响我们的睡眠、我们的胃口、我们的血压、我们的健康和我们的快乐。如果我们心中的不满非但不能对所谓的敌人造成威胁，还会使我们的生活变了味道，那是得不偿失的。就如莎士比亚所说的：“不要因为你的敌人而燃起一把怒火，最后烧伤了你自己。”

很多时候，人应当学着宽容地帮助曾经伤害过自己的人，这是一种人生的大智慧，是成熟人性臻至化境的象征。宽容的人生，收获的会是满城桃李，这样一来，就等于我们在一间锁了门的牢笼中开了一扇窗，使我们的生命得到了升华。

心灵箴言

宽宏精神是一切事物中最伟大的。

——[英] 欧文

智慧的艺术就是懂得该宽容什么的艺术。

——[美] 威廉·詹姆斯

正义之神，宽容是我们最完美的所作所为。

——[英] 威廉·华兹华斯

损着别人的牙眼，却反对报复，主张宽容的人，万勿和他接近。

——鲁迅

一分薄面驱散满天乌云

故事话题

洛克菲勒是个空闲时间很少的年轻人，他总是忙忙碌碌很辛苦，所以，他出门就会随身带着一个可以收缩的运动器。就是一种手拉的弹簧，没事儿的时候可以将其挂在墙上用手拉扯的东西。洛克菲勒经常用它来健身。

有一天，他到自己的一个分行里去，他说要见经理，可这里的人都不认识他。有一个傲慢的职员见了这个衣着随便的年轻人，便回答说："经理很忙。"洛克菲勒便回了一句等一等，不要紧。

当时，待客厅里除了洛克菲勒自己外，没有其他人。他看见墙上有一个适当的钩子，便把那运动器拿出来，很起劲地拉着。后来，弹簧发出的声音打搅了那个职员，于是他跳起来，气愤地冲着洛克菲勒大声吼道："喂！你以为这里是什么地方啊，健身房吗？这里不是健身房，赶快把东西收起来，否则就出去！懂了吗？"

"好，那我就收起来吧。"洛克菲勒和颜悦色地回答着，把他的东西收了起来。

5 分钟后，经理来了，很客气地请洛克菲勒进去坐。那个职员立刻慌了，他觉得自己马上就要被炒鱿鱼了。洛克菲勒临走的时候，还客气地和他点了点头，而他却是一副不知所措的惶恐样子。他觉得洛克菲勒肯定会惩罚自己，于是忐忑不安地等待着处罚。但是过了几天，什么事都没有发生；又过了一星期，也没有事；直到过了三个月之后，他那颗不安的心才算是慢慢平静了下来。他体会到了洛克菲勒的宽容之心，内心对他升腾起了一分敬意。

故事解析

按照常理来说，一个身份较高的人，在遇到类似下属或者服务者的轻视之后，心中会感到很不舒服，有的甚至还可能会直接跟对方产生正面冲突。在上述故事中，不论洛克菲勒有没有把这件事放在心上，至少他的行为能够说明，他对小职员的冒犯采用了宽容的态度。

生活中，不论我们身处何等位置，从事什么工作，都难免遭到他人的冒犯或中伤。我们与其“以牙还牙”两败俱伤，倒不如保持宽容和冷静的心态处理问题。不轻易出手反击，既是对别人的一种容忍，也是对自己的一种尊重。

若要真正获得别人的尊敬与维护，我们就要好好注意自己的表现，切勿盛气凌人，恃宠生骄，做出令人憎恶的事情。其实在这个时候，如果我们用刀剑去攻打冒犯我们的人，远不如用微笑去征服。

故事穿越

1918 年，一位名叫劳伦斯·琼斯的讲师被残忍地拖上了火刑架。一个将要对他行刑的年轻人说：“烧死他之前，让这个好说话的人说说话吧。”于是，脖子上被套了绳圈的劳伦斯·琼斯站在柴堆上，为自己的生命和理想发表了一番演说。

他 1907 年毕业于爱荷华大学，因他心地善良、博学多才，而且在音乐方面也很有天赋，赢得了老师和同学们的喜爱。毕业后，他婉拒了一家酒店的聘请，还谢绝了别人资助他到音乐学院深造的美意。

他总说，自己有着更崇高的理想。当他读完布克尔·华盛顿的传记时，就决心把自己的一生都奉献给教育事业，教那些贫穷上不起学的黑人孩子。就这样，他回到了贫瘠的南方——密西西比州杰克镇以南 25 英里的一个小地方。他把自己的手表当了六毛五分钱，以苍天为教室，以树桩为桌子，开始了他的教学生涯。

劳伦斯·琼斯将自己的经历讲给那些愤怒的纵火者，他说自己所做的一切都是为了教育没钱上学的孩子们，把他们培养成优秀的人。他还说，曾有些白人协助过他，比如说送他土地、木材、猪、牛和钱。但自始至终，他都没哀求过一声，只是想让别人了解他的想法。那些想烧死他的人也为之动容。

有个参与过南北战争的老兵说：“我相信他所说的话，他提起的一些白人当中有不少我也认识，他真的是在行善事，是我们错了，我们应该帮他，而不是吊死他。”老兵说完便摘下自己的帽子，帽子在大家手中传递，这些曾经想烧死这个教育家的人，总共捐出了 52 块 4 毛钱，都交给了琼斯。

事后，有人问过劳伦斯·琼斯，对于那些想吊死和烧死他的人是否怨恨。他的回答令人钦佩，他说：“我太忙了，很多理想等着我去实现，根本没有空余时间怨恨人。”他所有的心思，都花在那项超出他能力的伟大事业上了。他还说：“我根本没时间跟人吵架，也没有时间后悔。谁也不能强迫我低下到怨恨他的地步。”

故事微语

人生在世，各有各的不易，从某种意义上说，世上或许根本不存在谁比谁过得好，谁比谁过得差。所以，永远不要试图报复别人，即便对方真的对你做出过很过分的事，对你影响很大。假使是那样的话，你完全可以当作是生活给予自己的考验，而非某个人故意施加给自己的。

如果我们一味地纠结那些伤痛抑或仇恨，我们就会让自己受到更大的伤害。我们要学习劳伦斯·琼斯，将宝贵的时间都用在实现自我价值上，而不是浪费在仇恨以及埋怨上。

《圣经》里有记载这样一句基督箴言："爱你们的仇敌，善待敌对自己的人，祝福诅咒你的人，为凌辱你的人祷告。"经常诵读这样的箴言，你的内心便会生出一股君王和将官也无法得到的平静。所以，我们不但要忘却仇敌带给我们的记恨，相反地，还要用自己的境界感动我们的仇敌。

心灵箴言

懒于思索，不愿意钻研和深入理解，自满或满足于微不足道的知识，都是智力贫乏的原因。

——[苏联] 高尔基

这种贫乏通常用一个字来称呼，这就是"愚蠢"。

——[苏联] 高尔基

生活中有许多这样的场合：你打算用忿恨去实现的目标，完全可能由宽恕去实现的目标，完全可能由宽恕去实现。

——[英] 西德尼·史密斯

只有勇敢的人才懂得如何宽容；懦夫决不会宽容，这不是他的本性。

——[美] 斯特恩

顾全大局，心纳百川

故事话题

有个小和尚奉师父之命到山下去化缘。正走在早集市上，一个人忽然走到他的面前，问道："小师父，我问你一个问题，好吗？"小和尚很礼貌地应了一声"可以"。那人便开始讨教："你知道一年有几季吗？"

小和尚哭笑不得，本以为会被问到多么高深的问题，没想到问题如此简单，于是脱口而出道："四季。"可那人居然不同意这个结论，他愣是要说一年只有三季。两个人就这样，争论了几百个回合都没分出胜负。于是那个人提议说："这样吧，咱们问你的师父，他要是说一年四季，算我输，我给你磕三个头；他要是说一年三季，算你输，你给我磕三个头。怎么样？"小和尚爽快地答应了，将他带到了师父跟前。

听了二人争执的问题，老师父仔细打量了一下那个人，微笑着说："是你对了，一年只有三季。"小和尚听得目瞪口呆，他用怀疑的目光看着师父，可老师父还是对小和尚说："快给他磕三个头吧。"由于事先有约，小和尚不得不给他磕了三个头。

那个人得意地下山了，小和尚不解地问师父："师父，一年明明是四季，您怎么说三季？"

老师父说："他问这么简单的事，就说明他是一个不简单的人。你看他那个样子，我如果说四季，他会那么得意地下山吗？"

小和尚回到房里，越想越气，不想在这儿待下去，于是收拾行李下山了。老师父知道后不以为意地说："让他去吧，让他去吧，过几天，他想通了就会回来。"

几天后，小和尚在闹市中看到两个人大打出手。其中一个就是在前几天问他一年有几季的那个人。两人都打得头破血流，伤得不轻。小和尚问旁边围观的人，他们为何打架，旁人说他们因为一年有几季的问题争吵不休，后来就打了起来。

小和尚恍然大悟，心想还是师父高明，不然，自己也会和人家打起来。跟这种人较量，即便是打赢了，那也是个输。于是小和尚默默地离开，决定还是回去继续修行。

故事解析

宽容大度，方能和谐圆满，《尚书》有云：“有容，德乃大。”历朝历代的圣贤之人，都把宽恕容人视为一种难得的品德。境由心生，宽容最重要的，是有一颗宽容的心。那么，什么样的心才算是宽容的心呢？

宽容的心，简单来说，就是接受别人原来的样子。一个拥有宽容之心的人，总能看到事物美好积极的一面，看待一个人，优点总是多于缺点。对别人的评估，正面价值多于负面价值，鼓励多于责难。

宽容，是一种难得的境界。在日常生活中，我们在处理矛盾和纠纷的时候，宽容的力量，也常常能发挥巨大的作用。对于宽容，我们应该有一个正确而充分的认识，这样才能发挥它最大的作用。了解宽容的内涵，首先就要明白，宽容不等同于儒弱，在更多时候，它是一种韬光养晦的智慧，是人们立足于社会上的生存策略。

故事穿越

前 496 年，吴王阖闾派兵攻打越国，却被越王勾践击败。阖闾因伤重身亡，其子夫差继其王位，誓为其父报仇。此后，越王勾践听说吴国要建一水军，于是心头一热，全然不顾范蠡等人的反对，强行出兵要灭此水军。结果被夫差奇兵包围，全军覆没。

夫差要活捉勾践，范蠡建议勾践假装投降，先保全了性命，不怕以后没有机会东山再起。无奈之下，勾践选择了向吴王称臣，并亲自带着夫人去侍奉吴王，为吴王更衣、洗脚，奴仆所做的事，他们一样也没落下。勾践甚至为了验证吴王是否生病，亲自去尝吴王的大便。这一连串忍辱负重的行为，终于感动了吴王。

三年后，勾践等人被放回了越国。为了一雪前耻，勾践暗中训练精兵，每日晚上睡觉不用被褥，而是只铺些柴草，又在屋里挂了一只苦胆。他不时会尝尝苦胆的味道，为的就是不忘过去的耻辱。为鼓励民众，勾践还和王后一起参加劳动，在越人同心协力之下越国逐渐强大起来。

一次，夫差带领全国大部分兵力去赴会，要求勾践也带兵助威。勾践见时机已经成熟，便假装赴会，带领3000精兵，拿下吴国主城，杀了吴国太子，又擒了夫差。夫差后悔莫及，而勾践却没有给吴王夫差卷土重来的机会。最终，夫差也只得选择自己了断了自己。

故事微语

从越王勾践卧薪尝胆最终灭吴的故事中我们不难看出，很多时候，退却才是进攻的第一步。勾践在吴越争霸中之所以能取得胜利，除了他具有忍辱负重的精神外，更重要的是，他具有谋划大事的智慧和能力。

试想，如果勾践只是一味地忍辱负重，而不去动脑筋谋划怎样获得吴王的信任，也没有想到用美人、财宝去迷惑吴王的话，想必他是不可能顺利回国的。回国后，如果他不谋求国家经济和军事的强盛的话，也一定不会有灭吴的实力。另外，对这场战争时机的把握，也体现出了勾践的智慧。即选择在吴国北上争霸，国中空虚之时，进攻吴国。这些无不体现了退中的大智慧，退是为了更好的前进。

事实告诉我们，退作为一种圆融，是一种高深的智慧。有些人看上去很不起眼，甚至还给人“窝囊”不中用的弱者印象，但这样的人并不一定真的是弱者，不可小看。有时，越是这样的人，越是在胸中隐藏着高远的

志向抱负，而他这种表面"无能"，正是他心高气不傲、富有忍耐力和成大事讲策略的表现。这种人往往能高能低、能上能下，具有一般人所没有的远见卓识和深厚城府。

当我们遇事时，不妨冷静下来好好地想一想，如果互不相让，这样往往导致问题不能解决，反而落得个两败俱伤的结果。其实，如果我们能够采取较为温和的处理方法，先退一步，使自己处于比较有理有利的地位，待时机成熟，便可以退为进，成功地达到自己的目的了。

退却，有时候是为了更好地前进。退却不是退缩，它是为了更深入地前进。退却是暴风雨来临之前短暂的平静，在这个短暂的平静中酝酿着更庞大、更猛烈的进攻计划。退却是在你实力不具备时暂时的躲藏，是在躲藏中保存实力，以图在适当的时机东山再起。

心灵箴言

要提倡顾全大局。

——毛泽东

看脚便知海格立斯。

——英国谚语

如果各人打扫自家门前，整条街道就干净。

——犹太俗语

眼界要阔，遍历名山大川；度量要宏，熟读五经诸史。

——金缨

如果一个人宽恕了别人，那么他便觉得自已非常坚强。

——[法] 亚历山大·小仲马

适时退却，让梦想在现实中延伸

故事话题

卡尔是一位小有名气的卖砖商人。俗话说："楚河两岸硝烟障，从来暗箭起同行。"卡尔也因为跟对手的竞争而陷入了困境之中。对方在他的经销区域内，定期走访建筑师与承包商，背后里告诉他们卡尔的公司不可靠，他的砖块质量很差，生意也即将面临歇业。

卡尔对别人解释说，对手不会严重伤害到他的生意。但是这件麻烦事使他心中生出无名之火，真想"用一块砖来敲碎那人肥胖的脑袋作为发泄"。

"有一个星期天的早晨，"卡尔说，"牧师布道时的主题是'要施恩给那些故意为难你的人。'我把每一个字都吸收了下来。就在上个星期五，我的竞争者使我失去了一份25万块砖的订单。但是，牧师教我们要善待对手，而且他举了很多例子来证明他的理论。

"当天下午，我在安排下周日程表时，突然发现住在弗吉尼亚州的一位我的顾客，正在盖一间办公大楼，刚好需要一批砖。而他所需要的砖的型号不是我们公司制造供应的，却与我竞争对手出售的产品很类似。同时，我也确定那位从背后说自己坏话的竞争者完全不知道有做成这笔生意的机会。"

这使卡尔感到为难，是遵从牧师的忠告，告诉对手这项生意，还是按自己的意思去做，让对方永远也得不到这笔生意呢？卡尔的内心挣扎了很久，牧师的忠告一直在他心中回旋。最终，他拿起电话拨到竞争对手家里。接电话的人正是那个对手本人，当时他拿着电话，心里别扭得一句话也说不出来，但后来还是礼貌地告诉对方，有关弗吉尼亚州的那笔生意。结果，那个对手很感激卡尔。

卡尔说："我得到了惊人的结果，他不但停止散布有关我的谎言，而且还把他无法处理的一些生意转给我做。"

故事解析

世上根本不存在永久的敌人，对于昔日的对手，打击报复只能为自己埋下更多的祸根，而善待我们的对手，不但能够感化他们，还会为我们自己的事业扫除一定的障碍。

《诗经·卫风》中记载着这样一段文字：“投我以木桃，报之以琼瑶。”意思就是说，你对我好，我对你更好，有中“滴水之恩当涌泉相报”的意味。普通的朋友之间尚且如此，倘若胸怀宽广，对自己的对手也能“投以木桃”，那你的对手也一定感激涕零，视你为恩人一般。日后定会寻找时机报答你，给予你帮助，让你获得更大的成功。

以德报怨，善待对手。英国前首相丘吉尔一生都奉行这句话，在用人方面更是如此。

故事穿越

有这样一个有趣的童话故事：一天，狮子大王来到一个天神面前，毕恭毕敬地说："感谢天神让我拥有了如此雄壮威武的体格，如此强大无比的力气，让我有足够的能力统治这整片森林。如果不是您，我无法建立属于自己的森林帝国。"

天神笑了笑，说："狮子大王，我也很谢谢你的知恩图报。不过，我觉得你来找我一定还有其他的事情在烦恼，不妨说来听听。"

狮子大王说："天神，您真的是无所不知无所不晓，确实，我今天有事相求，希望天神一定要帮忙。"

天神点了点头："什么问题，你说吧。"

狮子大王急忙说道："天神，尽管我现在统治着森林，可是每天早上我都很痛苦。因为公鸡们很早就会打鸣，我总是被鸡鸣声吓醒。祈求您，再赐给我一个力量，让我不再被鸡鸣声给吓醒吧！"

天神笑道："其实这件事根本用不着我的，你去找大象吧，它就能帮你解决。"

告别了天神，狮子大王急忙来到了大象的领地。还没看见大象，他就听见大象跺脚所发出的"砰砰"声。狮子跑过去，好奇地问："大象，你怎么在这里发脾气？"

大象使劲摇晃着它的脑袋，说："有只蚊子钻进我的大耳朵里了，现在我非常痒！"

看着大象如此痛苦，狮子想道："大象体积这么大，却怕一只小蚊子，那么，我又何苦害怕一只鸡？毕竟鸡鸣也不过一天一次，而蚊子却是无时无刻不骚扰着大象。这样想来，我可比他幸运多了。"

狮子回到家，看到远处正在散步的鸡，对自己说："公鸡打鸣是自然现象，我不可能不让它打鸣的。既然如此，我也没必要痛苦了。反正以后只要鸡鸣时，我就当作鸡是在提醒我该起床了。如此一想。鸡鸣声对我还算是有益处的。"一下子，狮子高兴了起来，不再因为这件事折磨自己。

故事微语

人生的道路上，无论我们有多好的条件，失意的事情总是不可避免。如果我们因此就抱怨命运不公，上天偏心，进而祈求老天赐给我们更多的力量，帮助我们渡过难关，这着实是个幼稚的行为，更是不健康的心理状态。

实际上，上天是最公平的，就像它对狮子和大象一样，失意同样有它存在的价值。豁达是一种自我精神的解放。如果每天为了生活的得与失、忧与愁煞费苦心，心灵的窗户就会被蒙上灰暗的色彩，就无法理解生活的真正含义，人生也就没有了快乐可言。

豁达，是一种超凡脱俗的气质，拥有豁达便拥有了一种淡泊宁静的高雅，会有“采菊东篱下，悠然见南山”这种云淡风轻的感悟。用豁达的诚挚和热情去感受生活，没有了琐事的羁绊和缠绕，也就使身心获得了解放，自有一片自由的天地任你驰骋。

心灵箴言

有了人生的价值，就不觉得黄金昂贵。

——倪志兵

江海不与坎井争其清，雷霆不与蛙蚓斗其声。

——刘基

人生至善，就是对生活乐观，对工作愉快，对事业兴奋。

——[澳大利亚] 布兰登

教育工作中的百分之一的废品，就会使国家遭受严重的损失。

——[苏联] 马卡连柯

宽恕给予我们再度去爱的机会，又帮助我们敞开心怀，既能给予爱，又能接受爱。

——[美] 约翰·格雷

好花盛开，就该尽先摘，慎莫待美景难再，否则一瞬间，它就要凋零萎谢，落在尘埃。

——[英] 莎士比亚

第五篇

原谅他人，迎来心灵的晴天

学会原谅，原谅是一种豁达，原谅是一种释怀，原谅一切可以原谅的一切，去拥抱辜负了你和你所辜负的人，一切都会让岁月磨平。所有受过的伤，所有流过的泪，都让那海浪统统带走，记住该记住的，忘记该忘记的，改变能改变的，接受不能接受的。

宽恕别人，架起心灵间的彩虹

故事话题

有位得道高僧特别喜欢兰花，在平日修行讲佛之余，他会花费很多的心力来侍弄兰花。有一次他要出远门远游，临行前，他交代弟子要好好照顾他的兰花。但是有一天，一个弟子在浇花时，不慎摔了个趔趄，把花架也给撞倒了。所有的兰花盆都摔碎了，兰花也散落了一地，无法收拾。

弟子们见状全都惊慌失措了，没有别的办法蒙混过关，只好等着师父回来责罚。但是出乎意料的是，当师父回来了解实情之后，并没有责怪他们，而是将门下所有的弟子都召集在一起，并跟他们说：“我种兰花，一来呢，是想要用它来供奉佛祖；二来呢，是为了美化寺庙的环境，而不是为了生气而种的。所以，只要你们主动承认错误，心存一丝悔悟，我是不会追究的。”

故事解析

“只要你们主动承认错误，心存一丝悔悟，我是不会追究的。”得道高僧最后一番话彰显出了他非同一般的修养。

兰花本为他所好，而且，他还花费了很多时间来培养它。倘若一般人遇到这种情况，多半都会非常愤怒，甚至会以重罚把兰花弄坏的人来让自己的内心得到释放，但是高僧没有。因为他明白，自己种花的目的虽然没有达到，但是也不能为此而大动干戈。况且，这是弟子的无心之过，所以，就很容易地宽容了徒弟。

为人处世，如果以严厉的态度、倨傲的性格对待别人，就会招致别人的怨恨，引来不满。这样下去，于人于己都不利，属于本末倒置。正所谓：利人就是利己，亏人就是亏己，容人就是容己，害人就是害己。所以说：君子以容人为上策。

故事穿越

森林中有一条河流，河水湍急，不停地打着旋涡，奔向远方。河上有一座独木桥，窄得每次只能容一人通过。

一天，东山上的羊想到西山上去采草莓，西山上的羊又想到东山上去采橡果，结果两只羊同时上了桥，到了桥中心，彼此碰到了，互不相让，谁也走不过去了。

东山的羊见僵持的时间已经太长了，而西山的羊照样没有退让的意思，便冷冷地说道：“喂，你长眼了没有，没见我要去西山吗？”

“我看是你自己没长眼吧，要不，怎么会挡我的道？”西山的羊反唇相讥。

于是，两只互不相让的羊开始了一场决斗。

“咔”——这是两只羊的犄角相碰撞的声音。

“扑通”——这是两只羊失足，同时落入河水中的声音。

森林里安静下来，两只羊跌入河心淹死了，尸体很快就被河水冲走了。

故事微语

故事中的悲剧本来是可以避免的，但凡只要有一只羊后退到桥头，等另一只过后再上桥，两只羊都不会落水而亡。可是简单的事情总是被复杂化，山羊们都固执己见地认为，别人让自己是应该的，而自己让别人则是没理由的。如果没有协商的余地，那就只好“狭路相逢勇者胜”。不肯宽容和忍让的结果，就是它们都葬身在了河底。

“宽以待人”既是一种待人接物的态度，也是一种高尚的道德品质，它能够化解人和人之间的诸多矛盾，增强人和人之间的友好情感。同时，一个人如果能够养成“宽以待人”的优良品德，就一定可以在同他人的相处中，严格地要求自己，经常自我反省，提高自己的境界，做一个高尚的人，以得到他人的尊敬。

时常自省，就可以减少犯错误的几率，使自己的道德品质日臻完善，使自己做人做事更加机智圆熟，使自己能正确认识自身的不足，并能客观、公正地评价自己。

心灵箴言

开诚心，布大度。

——康有为

最高贵的复仇之道是宽容。

——[法] 雨果

生活中有许多这样的场合：你打算用忿恨去实现的目标，完全可能由宽恕去实现。

——[英] 西德尼·史密斯

以德报怨，播撒宽容的春风

故事话题

1944 年的冬天，两万德国战俘排成纵队，从莫斯科大街上穿过，所有的马路都挤满了人。

苏军士兵和警察警戒在战俘和围观者之间，围观者大部分是妇女。她们当中的每一个人，都是战争的受害者，他们失去了自己的亲人，或是父亲，或是丈夫，或是兄弟，或者是儿子……这些人都被德寇残忍地杀害了。

妇女们怀着满腔的仇恨，朝着大队俘虏即将走来的方向望着。当俘虏们出现时，妇女们把一双双勤劳的手攥成了拳头，士兵和警察们竭尽全力阻挡着她们，生怕她们控制不住自己的冲动。

这时，一位上了年纪的妇女，穿着一双战争年代的破旧长筒靴，把手搭在了一个警察的肩上，要求让她走近俘虏。等她走到了俘虏的身边，从怀里掏出一个用印花布方巾包裹的东西。打开一看，里面是一块黑面包。

她把这块黑面包塞到了一个疲惫不堪的、两条腿勉强支撑得住的俘虏的衣袋里。

于是，整个气氛改变了，妇女们从四面八方一齐拥向俘虏，把面包、香烟等各种东西塞给这些战俘。

故事解析

在故事的结尾，叶夫图申科写了这样两句话：“这些人已经不是敌人了，这些人已经是人了。”这两句话十分关键地点出了人类所能表现出的最伟大的善良，和最伟大的生命关怀。当这些人手持武器，出现在战场上时，他们是敌人；可当他们解除了武装出现在街道上时，他们是跟所有别的人，跟“我们”一样具有共同人性的人。

苏联老百姓可以在大街上把敌人转化为人，给予友爱和关怀，把惩罚化为温暖，把伤害变成祥和，这是一件非常感人的事。这些德国俘虏是犯错的人，但他们没有被遗弃，没有受打击，他们重新找回了失落的灵魂，这一切，都是宽容的胸怀带给他们的结果。

所以，宽容是一剂良药，是一缕和煦的春风，是冬日里的太阳，是夏日里的凉风；宽容不是软弱，而是一种情操，一种难得的人生境界。

人活在这个世上，会跟很多人相识、接触，期间难免会有人有意或无意地给我们造成一些伤害，如果一味地将这些伤害记挂在心，时刻与之计较，那我们的心灵就会被气恼和怨怒所折磨，背负上沉重的包袱。倒不如用理解和原谅做药引，熬一服宽容的汤药，这既能解除别人的痛苦，更能让自己变得快乐健康。所以，宽容一点吧，对人对己，都是好的。

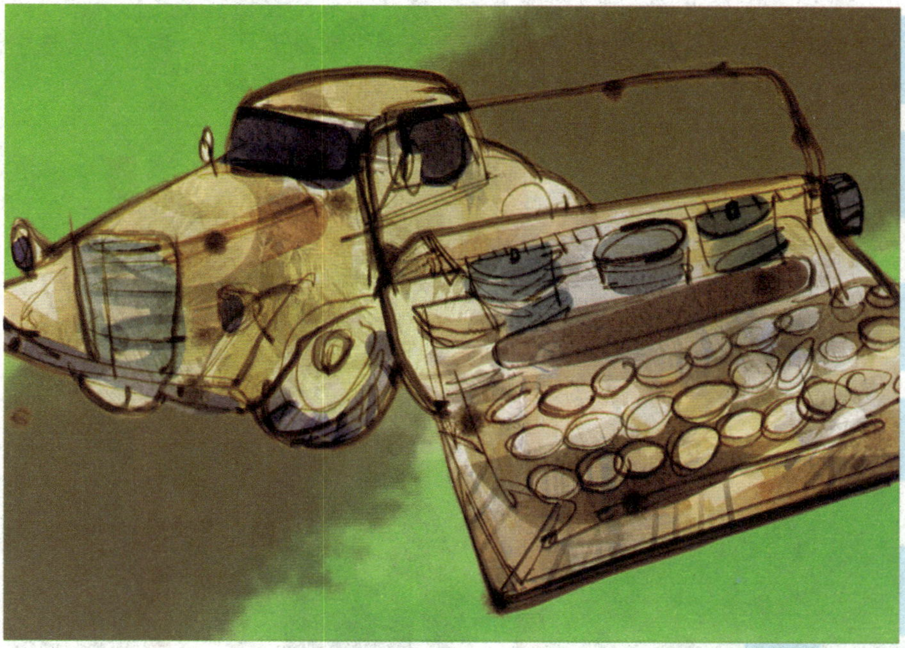

故事穿越

威尔逊接到警察的电话时，正在花园里拔杂草。当他赶到医院的时候，万万没有想到，早上明明还跟自己说“早安”的儿子，恍惚之间，竟然已经永远地闭上了眼睛，成为了一具冰冷的尸体。悲痛欲绝的威尔逊当场晕了过去，不省人事。

当他再次醒来的时候，警察给他讲述了事情的经过。原来儿子是被几个不良少年殴打成了重伤，在救护车到来之前，就已经泣血身亡。威尔逊不情愿接受这个残酷的事实，但是躺在眼前全无生命迹象的儿子的尸体却让他不得不接受这个悲惨的命运。

两天之内，警察将那几个不良少年一一逮捕。人们呼吁严惩这些不良少年，报纸也希望采取最严厉的惩罚。然而此时，威尔逊却寄去一封长长的信，他要求尽可能减轻那些少年的罪行，并成立一笔基金，作为他们出狱重新生活及社会辅导的费用。

其实，威尔逊并不是天生的圣人，也并不是受到刺激之后做出的不理智的行为，而是他愿意放下仇恨，原谅那些少年。其实，在他内心，早已经过了无数次激烈的斗争，在恨与不恨之间，通过坚强的意志，威尔逊用宽恕之心战胜了那些恨，最终才能够宽容那些不懂事的孩子。

威尔逊在信中说："我并不恨那些孩子，我只恨控制那些孩子内心的病态人格。所以，我希望让那些孩子从残暴、粗鲁、仇恨、病态的人格中重生，为此，我愿意提供金钱来帮助他们，让他们获得新生。"

自始至终，威尔逊恨的是这件事，而不是人。

故事微语

放下，即是快乐，放下，即是宽容。这就是作为一个父亲，对于剥夺了儿子生命之人的宽容。于人于己同一标准，宽己同样能够宽人。宽容别人，并不是指容忍所有错误的行为及不正常的性格。如果你能够学会“针对事情而不是针对人”，那么你会发现放下并不是那么难，培养宽容心态是多么容易。

宽容，是一种高尚的人格修养，是非经过艰苦的修身养性而不可得的。因为要做到宽容，那就应该既包容善美，也包容污垢。但是后者对很多人来说不可想象，因为在人们的印象中，污垢只能是被消灭掉。但是，如果世界是善恶分明的话，那就根本不会有这么多是非了。

宽容的最高境界，并不是压抑内心的厌烦勉强忍耐，而是真正做到无欲无我。宽容，是一种大智慧的心灵自然而然地显现，没有半点儿做作和强加，所以老子说“上善若水”。如果一个人能像水那样，含污而不失本色，甘愿居卑地而处，那大概就是圣人了。

心灵箴言

宽容产生的道德上的震动比责罚产生的要强烈得多。

——[苏联] 苏霍姆林斯基

对于所受的伤害，宽恕比得仇更高尚，鄙视比雪耻更有气派。

——[美] 富兰克林

请尽量相信，每一个有坏处的人都有他值得人同情和原谅的地方。一个人的过错，常常并不只是他一个人造成的。

——[法] 罗曼·罗兰

以怨报怨不可取，以德报怨同样不可去。你用不值得的仁厚去面对已经有负于你的人和事，这也是一种人生浪费。

——于丹

理解与原谅，健康快乐的源泉

故事话题

一天，老江喝醉了酒，跌跌撞撞地从饭馆里出来，一下子撞在一位迎面走来的法师身上。他不但将那位法师的眼镜撞落在地上，眼镜还戳青了法师的眼皮。有点醉意的老江看了看法师，毫无愧疚的意思，反而理直气壮地嚷嚷道："混蛋！走路不长眼睛吗？活该让人撞！"

法师并没有理会老江的无理，只是微微一笑，便转身离去。

老江既尴尬又异常疑惑，好奇地问道："喂，我把你的眼镜撞在地上摔坏了，弄伤了你的眼睛，还骂了你，你怎么不生气呢？"

"生气既不能使我破碎的眼镜复原，又不能消除我脸上的瘀青、解除我的痛苦，所以我为什么还要生气呢？如果我对你破口大骂，甚至与你动粗，非但不能把事情解决，还会进一步伤害我的身体，我是不会去做这种得不偿失的事情的。"法师心平气和地说。

听完法师的话，老江的酒顿时就醒了大半。他惭愧极了，赶忙问了法师的法号就离去了。

老江原本脾气就很暴躁，学生时代不思进取，考不上大学便在社会上混。脾气不好的他经常与人打架，后来工作也不顺心，好不容易结了婚，却依旧不知收敛，不懂得珍惜婚姻，更不懂得爱护妻子，轻则对妻子破口大骂，重则拳脚相向。直到有一天，发生一件事，总算让他明白过来了。

那天，慌忙中他把一份公文忘在了家中，便回家去取。不料刚进家门就听见妻子跟其他男人的谈笑风生。他恼羞成怒，原本要冲进厨房拿起菜刀杀掉这对狗男女，可当那名男子惊慌回头，眼镜跌落到地上时，老江想起了那个法师。他在心里劝慰自己，生气是解决不了问题的。于是，他控制住了自己的情绪。

冷静下来回想这些日子，他意识到，若不是自己的冷落跟暴力，妻子怎会在外面有别人。从那以后，他不但和妻子和睦相处，和同事之间的关系也有所改善，工作也得心应手了，事业上也有所成就。

故事解析

在面对许多令人恼怒的事情时，大多数人都会变得头脑发热，失去理智，完全忽略生气不能解决问题的事实。很多人都做不到像法师那样微笑置之，结果就是让自己火气过多，把自己的理智烧光，从而在不知不觉中将事情的消极影响扩大，甚至就此酿成大祸。

其实，大部分的情绪都是可以控制的，只要能够让自己冷静下来，找回自己的理智，就会发现，生气只是自己在寻找无谓的烦恼。

生活中也常常会遇到各种各样令人愤怒的挫折、逆境，不管怎样都需要平静下来想办法解决问题，要明白无论怎样的情况，生气产生的作用都是消极的，无疑是一件画蛇添足的事情。因此，要尽量避免这种情绪发生，尽量怀着愉快的心情去面对生活中的不如意，你就会发现事情往往会柳暗花明。

故事穿越

包布·胡佛是一位著名的试飞员。他胆识过人，技术一流，在美国的飞行员中是个佼佼者，他还常常在航空展览中表演飞行。

有一次，胡佛正在参加一场飞行表演。结果飞机在返回的途中发生了意外，在飞机降落到距离地面300米高空的时候，发动机突然熄火。这样的情形几乎意味着机毁人亡。

当时，胡佛的飞机里三条人命危在旦夕。不过值得庆幸的是，他运用了熟练的技术，安全地让飞机着陆。虽然机身损坏比较严重，所幸的是没有人员伤亡。

飞机迫降之后，胡佛的第一个行动，就是检查飞机的燃料。和他所想的一样，他驾驶的第二次世界大战时的螺旋桨飞机，居然装的是喷气机燃料。

回到机场后，他要求见见为他保养飞机的机械师。那位年轻的机械师为所犯的错误极为难过，当胡佛走向他的时候，他正泪流满面。他不仅造成了一架非常昂贵的飞机的损失，还差点使得三个人失去生命。他本以为这位极有荣誉心，事事都要求精确的飞行员必会因为此时大为震怒，会痛责自己的疏忽。但是，胡佛并没有计较那位机械师的疏忽，甚至都没有批评他。相反地，他用手臂抱住了那个机械师因懊悔而颤抖的肩膀，对他说："为了显示我相信你不会再犯错误，我要你明天再为我保养飞机。"

机械师还沉浸在紧张、沮丧、痛悔的情绪中，听到了这番话以后，简直不相信自己的耳朵，直到胡佛离开以后他还没醒过神来。

故事微语

"斗争的艺术，就是做人的艺术。"这句话在许多人的眼中，都是真理，并且他们将这句话作为自己的座右铭。很多人会在真理掌握在自己手

中时，变得更加情绪激扬。其实不然，得理而饶人才是做人的艺术。胡佛的做法会让机械师终生难忘，他会认定胡佛是个值得尊敬的人。所以，面对他人的失误，我们一定要懂得：只要是人，都可能出现错误，知错能改，善莫大焉。

胡佛的原谅并不是说说而已，他是在行动上接纳对方。当然，这件事情给了这个机械师一次终身难忘的教训。而胡佛在年轻机械师犯了这么大错误的时候，只是简单寥寥几句含蓄的批评就又重新给机械师机会，机械师又怎么会不感恩戴德呢？在下一次检修的时候，他一定不会再出现类似的致命的错误了。

原谅，是一门艺术，一门做人的艺术。原谅的精神，是一切事物中最伟大的行为之一。原谅别人，就是在心理上接纳别人，理解别人的处世方法，尊重别人的处世原则，更要给予对方一份信任。我们在接受别人的优点时，也要接受别人的缺点与错误。这样，我们才能忘记计较和怨恨，真正地和平相处，社会才会变得温暖和谐。

心灵箴言

不能宽恕他人，就是拆掉自己要过的桥。

——[英] G.H.哈代

宽容并不是姑息错误和软弱，而是一种坚强和勇敢。

——周向潮

如果没有宽恕之心，生命会被无休止的仇恨和报复所支配。

——[荷兰] 阿萨吉奥利

包容忍耐，对着心灵的山谷说“你好”

故事话题

加拿大魁北克省有一条南北走向的山谷。单说这条山谷并没有什么特别之处，唯一能够引人注目的，是它的西坡长满松、柏、女贞等树，而东坡却只有雪松。为什么会有这样的奇异景色呢？揭开这个谜底的是一对夫妇。

那是1993年的冬天，这对夫妇的婚姻正濒于破裂的边缘。为了找回昔日的爱情，他们打算做一次浪漫之旅，如果能找回就继续在一起，否则就友好分手。

他们来到这个山谷的时候，刚刚下起了大雪。他们支起帐篷，望着漫天飞舞的大雪，发现由于特殊的风向，东坡的雪总比西坡的大且密。不一会儿，雪松上就落了厚厚的一层雪。不过当雪积到一定程度，雪松那富有

弹性的枝丫就会向下自然弯曲，直到雪从枝上滑落。

这样反复地积，反复地弯，反复地落，雪松完好无损。可其他的树，因为不具备这样的本领，树枝就只被压断了。

妻子发现了这一现象，对丈夫说：“东坡肯定也长过杂树，只是不会弯曲才被大雪摧毁了。”刹那间，两人突然明白了什么，拥抱在了一起。从今往后，再也没提过离婚的事。

故事解析

生活中，我们承受着来自各方面的压力，若不及时调整心态，而是持续地积累，最终就会变成我们难以承受的负担。这时候，我们需要像雪松那样，弯下身来，释下重负，只有这样，才能够重新挺立，避免被压断的结局。弯曲并不是低头，更不是服软，而是一种弹性的生存方式，是一种生活的艺术。

社会不断地发展，社会压力和竞争力与日俱增，我们的生存空间和环境越来越复杂多变。人们对物质生活水平的要求越来越高，观念也在不断完善，如果我们不能以一种豁达乐观的心态来面对无处不在的激烈竞争，以及生活中无处不在的来自各个方面的压力和挑战，那么，我们就随时都有可能被乌云密布的氛围所笼罩，就无法拥有轻松愉快的生活。

其实，成败得失，都是有一套自然规律的，毁誉褒贬皆为平常中的道理。只要怀着平常之心，我们就能做到豁达而不失节制，恬淡而不失执着，宁静而不失勤勉；就能领悟到苦、乐、酸、甜、悲、喜之中皆包含着真滋、真味，沉浮兴衰枯荣的更迭交替中也自隐藏着自然的深奥玄机。所以，我们要以宁静、宽恕的心态来感受生活，但是在压力、挫折来临时要学会变通。

故事穿越

江源是一个业务员，但是他的业绩做得很不乐观，几乎是整个公司最差的。他每个月拿到的单子是最少的，有时候，工资甚至都没有别人的一半多，因为压力太大，江源每天就像个怨妇一样，不停地说公司的坏话，说客户的坏话，埋怨不休。

有一次，当江源又开始抱怨的时候，公司一个跑了很长时间业务，有着丰富工作经验的老员工走到江源旁边，他说："小伙子，你每天嘴里叽里咕噜的都是在说些什么啊？我看你整天不是对这个不满意，就是对那个不满意的。"江源把自己的烦恼一说，接着又开始了长篇的抱怨之词。那位经验丰富的老业务员居然没有打断江源的抱怨，直到江源自己都能意识到有点过火才作罢。接着老业务员说："你明天早点来公司吧，不要跑业务，就和我待一天，完了之后你就知道为什么你的业绩老是提不上去了。"江源半信半疑地点点头。

第二天，一向踩点上班的江源破天荒起了个大早。快到公司的时候一看时间，居然早到了40多分钟。江源心想这下不妙，万一公司这么早还没开门的话，自己去哪儿等着呢？正想着的工夫，他走近了公司，定睛一看，居然所有的同事在那里，早到40多分钟的自己，居然会是最后一个到公司的。

之后，江源终于明白了，原来这帮人天天都这么玩命，难怪业绩那么出色。看到这里，江源有点惊呆了。这时候，老业务员笑着走过来说："公司就你一个人是天天按时上下班的，他们都来得早，走得晚。好了，跟我出去吧。"

江源傻愣愣地跟在他后面，直到这一天江源才明白自己和他们的差距为什么这么大：遇到客户拒绝的时候江源的做法是不管了，骂骂咧咧地找一个舒服的地方待着，而别人的做法却是一而再地客气拜访，第一个客户拒绝了，就去找第二个、第三个，没有人会因为被拒绝而像自己一样抱怨不休的。每天下班的时候，江源一到下班的时间，马上就消失得无影无踪了，而这时候，大街上还存在着大量跑客户的同事。

遇到麻烦想抱怨的时候，我们试着这样问自己："为什么我要抱怨？我凭什么抱怨？为什么只有我不满意，而别人却满意呢？"

故事微语

事实上，在一个不好的环境中，有的人一直在喋喋不休地埋怨，而有的人却能淡然处之，原因就在于这个他自认为值得抱怨的问题并没有到那种让人不能忍受的状态；而那些我们不喜欢的人也是有自己的爱人的，由此可见，他并不是自己想象中的那么不招人喜爱，或许是自己的偏见，又或许问题根本就出在自己身上。

所以，当我们遭遇令我们不痛快的事情的时候，先不要急着抱怨生活，从自己身上好好地寻找原因，将问题解决的办法是对症下药，只有准确地找到原因，才能让人生更完善、更圆满。

心灵箴言

忍耐是一帖利于所有痛苦的膏药。

——[西班牙] 塞万提斯·萨维德拉

紫罗兰把它的香气留在那踩扁了它的脚踝上。这就是宽恕。

——[美] 马克吐温

“宽容就像天上的细雨滋润着大地。它赐福于宽容的人，也赐福于被宽容的人。

——[英] 威廉·莎士比亚

谅解也是一种勉励、启迪、指引，它能催人弃恶从善，使歧路人走入正轨，发挥他们的潜力。

——[科威特] 穆尼尔·纳素夫

记住该记住的，忘记该忘记的

故事话题

阿里有一次与朋友吉伯、马沙两位朋友一起外出旅行。

三个人一同行经一处陡峭的山谷时，马沙不小心突然失足滑落。幸亏吉伯拼命拉住他，才将其救上来。马沙当即很受感动，随手就在附近的大石头上刻下了这样的字：“某年某月某日，吉伯救了马沙一命。”

三个人又继续向前走了几天，一同来到一处河边，吉伯因为一件小事与马沙争吵起来，吉伯当时一气之下，就打了马沙一个耳光。马沙跑到附近的沙滩上写下这样的字：“某年某月某日，吉伯打了马沙一耳光。”

当他们旅游回来后，阿里十分好奇地问自己的朋友马沙道：“你为什么要将吉伯救自己的事情刻在石头上，而将吉伯打自己的事情写在沙滩上面？”

马沙这样回答：“我永远都对吉伯心存感激，他救了我性命，我要让自己永远记住。至于他打我的事情，我只想让它随着沙滩上的字迹一同消失，将它忘得一干二净。”

马沙的话值得我们深思，生活中的我们也应该牢记别人对你的帮助，牢记生活中的感动，而忘记别人对你的不好，忘记过去的伤痛，这样我们才能让自己时常对生活心存感动，才能让自己体味到更多的快乐和满足。

故事解析

谁不愿拥有一个不为烦恼所动的快乐人生呢？所以，人生短暂，何必对过去的痛苦耿耿于怀呢？何必要自己伤害自己呢？我们一定要网开一面，宽恕所有的人；而宽恕别人，就是爱护自己，是真正、彻底地爱护自己。要知道，最有力量的是宽恕，是慈悲；最有力量的是“当下”，不是过去，也不是将来。

忘记别人给予你的所有不愉快，记住别人所给予你的哪怕一丁点的好处。这样，你会很快乐，别人也会很快乐。而你的朋友圈子会像滚雪球一样越滚越大。

故事穿越

在古代，有两个很要好的员外，一个姓张，一个姓周。两人关系很好，往来频繁。张员外有一个女儿，而周员外则刚好有一个儿子，理所当然地，两个人为使彼此间的关系更为亲密，就打算撮合他们的儿女成婚。

虽然两个人是青梅竹马，但是他们的感情进行得并不顺利，经常会发生争吵。两家人都是当地有头有脸的人，儿女们的这种关系也让周张两家极为伤脑筋。

没想到，他们担心的事情果真发生了。就在他们快要成亲的时候，张员外的女儿竟然被人毒害。而据官府详细调查后，杀人凶手正是周员外的儿子。为此，周员外的儿子被关进大牢中，两家人的身心因此也受到沉重的打击。

从此以后，两家的关系就变得极为紧张，他们的生活也变得暗无天日。令张员外一家较为恼火的是，周员外的儿子在事实面前却从来不承认是自己杀害了张员外的女儿，而周员外极力地为儿子的罪行拼命奔走，疏通关系。如此一来，两家便结下了深仇大恨，两家人也开始进行明争暗斗，每每两败俱伤。

一年以后，官府最终判决周员外的儿子为谋杀罪。周员外为了消除儿子的罪行，千方百计为张员外一家做经济补偿，不惜重金，以求得张员外能到牢狱里去为儿子说情。但是无论怎样多的补偿都无法弥补张员外的丧女之痛。每当自己悲痛难忍之时，张员外就不停地埋怨自己当初怎么就看错了人。而周员外的全家也是天天都生活在自责之中，他们怨恨自己怎么没能教育好自己的儿子，埋怨自己不该为了自己的利益而撮合儿子的婚事。

本来是所有人眼中的美好姻缘，没想到生活却会如此的捉弄人，致使两家人的内心都不安。就这样一年又一年过去了，两家人的心情总是被巨大的阴影所笼罩，张员外与周员外再也没有往来过，他们也从来没有真正地笑过。然而，就在他们苦苦承受了十几年的痛苦后，最终的事实却证明，张员外女儿的死并不涉及善恶情仇，一切都和周员外的儿子无关。

真相大白之后，张员外无比自责地对周员外说："十几年来，我们所受的心灵上的折磨是我们永远支付不起的！其实，我们那个时候都应该多想想对方的好，把仇恨忘记。"周员外也承认，他们为此所付出的代价是用任何金钱也换不回来的。

故事微语

人生有多少个十年？生命太过短暂，十年的心灵折磨是用任何财富都支付不起的。如果两家都能及时地忘却仇恨，那便不会有如此多的折磨和煎熬了。其实，只要你静下心来想想，过去的仇恨没有什么大不了，过去的毕竟过去了，再纠结、再痛苦也无法挽回了。只有选择及时将其忘记，才能弥补你已经失去的，才会迎来如夏花般绚烂的明天。

要知道，没有谁与谁是天生的仇人，只不过因为某件事情发生了矛盾，发生了些摩擦而已，其实完全可以大度地抛弃这些不值当再用生命去支付的痛苦，否则，只会让自己痛苦一辈子，后悔一辈子，让生命永远得不到解脱。

人生没有彩排，再完美的演出也有缺憾。努力地忘记一些生命中的人和事，那些欢快的、悲伤的……所有的记忆都毫不留情地删除或者封印，不去触摸，只有这样才可以让痛苦降到最低。对错怪或伤害过自己的人，我们的心灵不要被仇恨、烦恼所蒙蔽。怒火中烧、烦恼怨恨，都将对自己和他人造成伤害。

心灵箴言

诚挚地宽恕，再把它忘记。

——英国俗语

能宽恕别人是一件好事，但如果能将别人的错误忘得一干二净那就更好。

——[英] 勃朗宁肯

宽怀大度一些，机会便多了，世界也大了；偏狭小气，机会便少了，世界也小了。

——凡

随缘自在。随遇而安，随缘生活，随心自在，随喜而作，是为生活的密行。若能一切随他去，便是世间自在人。

——佛学禅语

心灵榜样微史话

张廷玉

张廷玉，字衡臣，号研斋，安徽桐城人，清朝保和殿大学士、吏部尚书、军机大臣、太保，封三等伯，历三朝元老，居官五十年。

雍正八年，长期和清廷对抗的蒙古准噶尔部煽动青海和硕特部首领罗卜藏丹津及西北各族反清，雍正为维护国家统一安定，决定出兵征讨。因战事紧急，军令需要迅速处理和严守秘密，所以，即令在隆宗门内设立军机处。

他曾参与编纂《平定朔北方略》《御选咏物诗》《佩文韵府》，清廷开馆编修《三朝实录》《玉牒会典》《治河方略》《四朝国史》《国史》《明史》时，均受命为总裁。尤以《明史·艺文志》4 卷为史学界所推重。备受雍正、乾隆倚重。

蔺相如

蔺相如，战国时赵国上卿，今山西柳林孟门人（一说山西古县蔺子坪人，一说河北省保定市曲阳县人，在曲阳县城老街仍有“蔺相如故里碑刻”），战国时期著名的政治家、外交家。先为赵国宦官头目缪贤的家臣，后来官至上卿。根据《史记·廉颇蔺相如列传》所载，他生平最重要的事迹有完璧归赵、渑池之会与负荆请罪这三个事件。

他具备无畏的胆略，超人的智慧，博大的胸怀和以国事为重的思想品德，可以说是驰誉九州，光耀千古。在强秦意图兼并六国、斗争逐渐尖锐的时候，他不仅凭借着自己的智慧和勇气，让秦国的图谋屡屡受挫，更难得的是，他有容人之量，以大局为重，“先国家而后私仇”，是一位胸怀广阔的政治家。

蒋琬

蒋琬，字公琰，零陵湘乡（今湖南省湘乡县）人，三国时期蜀汉宰相，与诸葛亮、董允、费祎合称“蜀汉四相”。年少时好学，聪明过人，仪态轩昂，气度不凡。青年时与表弟刘敏因才学而知名当时，后跟随刘备，刘备定蜀后，被任命为广都县县令。后因为不理政事激怒刘备，在诸葛亮的劝说下，蒋琬免于一死，后重新被启用，诸葛亮将其悉心培养，并密表刘禅可以作为诸葛亮的接班人。

建兴十二年，诸葛亮死后，蒋琬执政。拜尚书令，又加行都护，假节，领益州刺史，再迁大将军，录尚书事，封安阳亭侯，并被受命开府，后加大司马，总揽蜀汉军朝。采取闭关息民政策，使国力大增。曾制定由水路进攻曹魏的计划，但未被采纳。延熙九年病卒，谥曰恭。死后葬于涪城西山。

楚庄王

楚庄王，又称荆庄王，楚穆王之子，春秋时期楚国最有成就的君主，春秋五霸之一。庄王之前，楚国一直被排除在中原文化之外，庄王亲政后，励精图治，对内分令尹之权，压制若敖氏，任用苏从、蔿贾、伍举等贤臣。后子越政变，庄王沉着应对，一战定乾坤，稳定后方；对外与晋国赵盾、郤缺多次争霸受挫，却能屡败屡战，任用孙叔敖大胆革新，楚国大治。

自庄王称霸中原，不仅使楚国强大，威名远扬，也为华夏的统一，民族精神的形成发挥了一定的作用。楚庄王自前 613 年至前 591 年，共在位 23 年，后世对其多给予较高评价，有关他的一些典故，如“一鸣惊人”等也成为固定的成语，对后世有深远的影响。

种世衡

种世衡，字仲平。洛阳（今属河南）人，北宋边疆名将，乃种谔之父，种师道之祖父，重气节，有才略。少时，曾经监泰州太平监，监京兆府渭桥仓，监邛州惠民监，知泾州之保定，京兆之武功、泾阳三县，每到一地就提倡崇奉孔夫子，兴办学校，拆毁不正当的神庙。

北宋初年，即康定元年，西北边疆频频受到西夏国王元昊的军队的掠抢，西夏与宋多次发生战争。为抵御西夏，北宋王朝应种世衡要求在故宽州旧地延州（今陕西延安）东北 200 里处建起新城。在种世衡的率领下，在较短的时间内建起了一座抗击西夏的新屏障。

为了表彰种世衡的功绩，朝廷命名这座新城叫青涧城。种世衡筑青涧城（今清涧），他率军民且战且筑。城成，北宋王朝任命他为“知城事”，并授他“内殿承制”。

齐桓公

齐桓公，姜姓，吕氏，名小白，春秋五霸之首。前 685–前 643 年在位，春秋时代齐国第十五位国君，是姜太公吕尚的第十二代孙，是齐僖公禄甫的三儿子，其母为卫国人。

桓公任管仲为相，推行改革，实行军政合一、兵民合一的制度，齐国逐渐强盛。桓公于前 681 年在甄（今山东鄄城）召集宋、陈等四国诸侯会盟，是历史上第一个充当盟主的诸侯。当时中原华夏各诸侯苦于戎狄等部落的攻击，于是齐桓公打出“尊王攘夷”的旗号，北击山戎，南伐楚国，成为中原第一个霸主，受到周天子赏赐。

迈克尔·巴拉克

迈克尔·巴拉克，德国著名足球运动员，出生于前东德的格尔利茨市。他的父亲是一位工程师，母亲是一家公司的秘书，迈克尔·巴拉克是家里唯一的孩子。

他的身体素质和耐力惊人，早在七岁时就开始了球员生涯，当时他加盟东德的一个小球会担任学徒，十岁时转投一家叫肯尼沙的球会。由于表现良好，1995 年巴拉克正式签订一份职业球员合约，时为 18 岁。他在效力此球会期间上阵 49 场，取得 10 个入球，当时已被人称为“小凯撒”，表示其出色表现。

韩信

韩信，汉族，淮阴（原江苏省淮阴县，今淮阴区）人，西汉开国功臣，中国历史上杰出的军事家，与萧何、张良并列为汉初三杰。

在楚汉战争中，韩信发挥了卓越的军事才能。平定了魏国，又背水一战击败代、赵。之后，他又北上降服了燕国。汉四年，韩信被拜为相国，率兵击齐，攻下临淄，并在潍水全歼龙且率领援齐的二十万楚军。于是，刘邦遣张良立韩信为齐王，次年十月，又命韩信会师垓下，围歼楚军，迫使项羽自刎。

韩信是中国军事思想“谋战”派代表人物，被萧何誉为“国士无双”，刘邦评价曰：“战必胜，攻必取，吾不如韩信。”他被后人奉为“兵仙”、“战神”，“王侯将相”韩信一人全任。

管仲

管仲，姬姓，管氏，名夷吾，字仲，谥敬，春秋时期政治人物。被称为管子、管夷吾、管敬仲，汉族，颍上（今安徽省颍上县）人，周穆王的后代。是中国古代著名的军事家、政治家、经济学家、改革家，被誉为“圣人之师”和“华夏文明的保护者”。

管仲少时丧父，老母在堂，生活贫苦，不得不过早地挑起家庭重担，为维持生计，与鲍叔牙合伙经商失败，后从军，到齐国，几经曲折，经鲍叔牙力荐，成为齐国上卿（即宰相），辅佐齐桓公成为春秋时期第一霸主，所以又说“管夷吾举于士”。

狄仁杰

狄仁杰，字怀英，并州太原（今山西太原）人，唐代著名政治家。狄仁杰早年考中明经科，历任汴州判佐、并州都督府法曹、大理丞、侍御史、度支郎中、宁州刺史、冬官侍郎、文昌右丞、豫州刺史、复州刺史、洛州司马，以不畏权贵著称。天授二年九月，狄仁杰担任同凤阁鸾台平章事，成为宰相。但不久就被来俊臣诬陷下狱，平反后贬为彭泽县令，契丹之乱时被起复。

神功元年，狄仁杰再次拜相，任鸾台侍郎、同凤阁鸾台平章事、纳言、右肃政台御史大夫。他犯颜直谏，力劝武则天立庐陵王李显为太子，使得唐朝社稷得以延续。久视元年，狄仁杰进封内史，并于同年病逝，追赠文昌右相，谥号文惠，后又追赠司空、梁国公。

心灵修养用语微解

忍耐：指的是把感情按住不让表现出来。

信任：在社会科学中，信任被认为是一种依赖关系。值得信任的个人或团体意味着他们寻求实践政策，道德守则，法律和其先前的承诺。

包容：《汉书·五行志下》：“上不宽大包容臣下，则不能居圣位。”容纳：前蜀·杜光庭《皇后修三元大醮词》：“气分二象，垂包容覆载之私。”

大度：心胸宽广，大度常和宽容一起使用，宽容大度。宽容大度是一种美德，他要求人清心寡欲。“人之心胸，多欲则窄，寡欲则宽。”小肚鸡肠，难容他人者都是自私自利之徒。

高尚：道德品质高雅的人与行为端正的人：“南阳刘子骥，高尚士也。”陶渊明《桃花源记》。“是多么高尚的人啊！他心里装着全体人民，唯独没有他自己。”——《鞠躬尽瘁》；有意义、不庸俗：高尚的娱乐。

气量：胸怀，度量。唐·杜甫《最能行》：“此乡之人气量窄，悮竞南风疎北客。”指气魄。《二十年目睹之怪现状》第一〇二回：“（武香楼）定一定神，勉强把他头场文稿看了一遍，不住的击节赞赏道：‘气量宏大，允称元作，这回一定恭喜的了！”

风度：指最早是形容文采出众，后来延伸至礼数。风度的本意是指人的举止姿态，是一个人内在实力的自然流露，也是一种魅力。是指人的言谈、举止、神情、姿态等，多指美好的。它主要取决于人的气质、礼仪、口才、形象等，是人们最直观的素质。

宽恕：宽大仁恕：《汉书·酷吏传·严延年》：“时黄霸在颍川，以宽恕为治，郡中亦平，娄蒙丰年，凤皇下，上贤焉，下詔称扬其行，加金爵之赏。”饶恕，原谅：《隋书·东夷传·高丽》：“盖当由朕训导不明，王之愆违，一已宽恕，今日以后，必须改革。”

尊重：指敬重；重视。人的内心里都渴望得到他人的尊重，但只有尊重他人才能赢得他人的尊重。尊重他人是一种高尚的美德，是个人内在修养的外在表现。尊重他人是一个人的政治思想修养好的表现，是一种文明的社交方式，是顺利开展工作、建立良好的社交关系的基石。生活中只有互相尊重才能和别人有良好的友情。

理解：顺着脉理或条理进行剖析。宋·苏轼《众妙堂记》：“庖丁之理解，郢人之鼻斲，信矣。”从道理上了解。《宋史·儒林传三·林光朝》：“（光朝）未尝著书，惟口授学者，使之心通理解。”指了解，认识。毛泽东《实践论》：“感觉到了的东西，我们不能立刻理解它，只有理解了的东西才更深刻地感觉它。”说理分析。清·陈康祺《郎潜纪闻》卷六：“生员於考试经古场，童生於府县覆试场，添《性理论》一篇，命题在濂、洛、关、闽书中，理解明晰，拔置前列。”见解。